海棠康养价值与利用

汪鋆植 张宏岐 主编

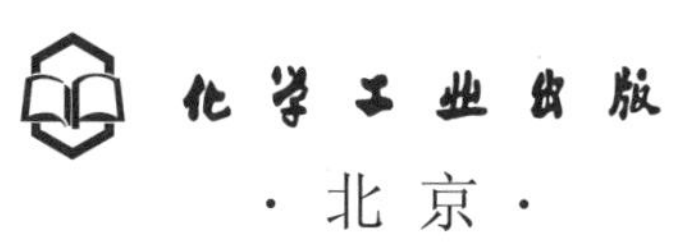

·北京·

内容简介

海棠是蔷薇科苹果属和木瓜属多种植物的通称，具有赏花、观果、食用、药疗多种价值。本书从海棠的资源品种、海棠文化的形成与发展、海棠对健康的影响三方面对海棠相关文献进行了全面整理，便于人们对海棠有更系统的了解。本书以湖北海棠为代表，详细介绍了海棠包括保肝调节代谢，发挥植物雌激素调节内分泌在内的对健康的多种益处，意在以海棠为媒，共享健康知识，助力健康管理，提升生活质量。本书适合从事海棠种植、药物研发人员及喜爱海棠、关注健康的大众读者阅读使用。

图书在版编目（CIP）数据

海棠康养价值与利用/汪鋆植，张宏岐主编．—北京：化学工业出版社，2021.4

ISBN 978-7-122-34074-0

Ⅰ.①海… Ⅱ.①汪… ②张… Ⅲ.①海棠-药用价值-研究 Ⅳ.①S685.99

中国版本图书馆CIP数据核字（2021）第033024号

责任编辑：李少华　刘　军　　装帧设计：史利平
责任校对：王素芹

出版发行：化学工业出版社（北京市东城区青年湖南街13号　邮政编码100011）
印　　刷：三河市航远印刷有限公司
装　　订：三河市宇新装订厂
710mm×1000mm　1/16　印张9　彩插8　字数112千字　2021年6月北京第1版第1次印刷

购书咨询：010-64518888　　售后服务：010-64518899
网　　址：http://www.cip.com.cn
凡购买本书，如有缺损质量问题，本社销售中心负责调换。

定　　价：**49.00元**

本书编委会名单

主　编　汪鋈植　张宏岐

副主编　贺海波　邹　坤　杨　进

参　编　罗华军　刘朝霞　陈茂华　方　荣　薛冰洁
曹　丹　冯天艳　邓改改　胡　芳　武　玲
余海立　汪瑾雨　刘兰庆　边　宇　王　宇
李平媛　叶　红

序

妈妈的“林檎茶”

林檎茶在武陵山区随处可见，是土家人曾经最常饮用的茶，也是土家人常用的药，已有数千年的应用历史。因为一大罐水只需要几片叶子，土家人习惯称之为“一匹罐”“三匹罐”。

林檎茶沁润了土家人对母亲的思念和缅怀。武陵山区地广人稀，曾是我国深度贫困区。我们现在喝的绿茶，对曾经的土家人来说属于“细茶”。对于一般人家，喝这样的茶是一件奢侈的事，除非来了贵客或者逢年过节才可以很珍惜地泡上一杯“细茶”。平常居家过日子，只能喝林檎茶这样的“粗茶”。尤其是夏天，晚饭后，勤劳的主妇总会将林檎茶洗净，放进瓦罐里，灌一大壶开水。第二天起早既可以带一罐清凉的茶水到田间劳作，又可以供家人全天饮用。茶水放凉后色泽金黄，味纯正回甘，特别止渴解暑，去乏提神，更神奇之处在于它隔夜不馊。炎热的夏季，喝下一碗林檎茶，那种舒畅的感觉，就犹如乡下留守孩子见到久别重逢的妈妈。

从小就听妈妈叫林檎茶，长大后才知道它的学名叫“湖北海棠”。与许多同龄人一样，我早已对林檎茶产生了很深的感情。林檎茶加工简便，端午节前后采摘鲜叶，经晾晒干燥之后就可以饮用。我家屋旁边就有一片这样的茶树，打小就喜欢茶树开满粉红色小花的美景。妈妈加工林檎茶并不简单，采茶时，妈妈一定会采很多，堆在一起占了半个稻场，然后反复日晒夜露，直到变成“铜钱铁锈”色，香气浓郁时，再细致地剔出不中意的叶片，用簸箕精心地簸除灰尘和杂质。该茶叶大部分出售补贴家用，少部分装进布袋子里，悬挂在梁上备用。曾经很长时间我想不明白，为什么当年的茶母亲总是要留到来年喝，但这也许就是乡亲们总夸我家茶好喝的秘密。

我家住在半山腰，是南来北往、走东奔西的要道。过去，交通不便，运送物资全靠肩挑背扛。炎炎夏日，过往行人沿着崎岖小路负重翻山越岭，路过我家时个个都汗流浃背、口渴难耐。于是妈妈的林檎茶成了宝贝。前一晚妈妈总会烧上一大锅开水，把大瓦缸洗干净，放到堂屋的方桌上，再将一把洗净的林檎茶放进去，加入滚烫的开水，再在瓦缸旁放上几个陶瓷碗，这样第二天过往行人便可随便到我家纳凉小憩，喝几碗林檎茶解渴去乏。缸里的茶水喝完了，妈妈又会加进去，每个想喝的人都可以喝到我家的林檎茶。妈妈施茶的不平凡，不仅仅是对茶的坚守，打动我的更是水的珍贵。吃水原本是我家最艰苦的事，每天早上，妈妈总是早早起床，去山下挑水，一担水一百多斤，从山下挑回来要花近 1 个小时。妈妈个子瘦小，挑一担水已累得她筋疲力尽，可她每天至少咬牙坚持挑三担。

最美是夏日的夜晚，难得一家人在稻场边乘凉。 1400 米的山腰，夜晚几乎遇不上热浪，只有凉风轻轻拂面。除了虫子的交响乐，宁静得听得见自己的心跳。妈妈如果有空闲，会给我们讲许多故事，“牛郎和织女”“野人嘎嘎”“阳雀”“白虎升天”……记忆最深的当数“药王昏死茶露醒”的传说。武陵山区缺医少药，人们对医生很敬重，医术高明、医德高尚的医生常被尊称为“药王”或“药王菩萨”。我们家有医学渊源，妈妈讲“药王”的故事总是讲得活灵活现。每次听妈妈讲“药王”，告诉我解救药王的神奇茶露就是林檎茶树叶上的露水，便总有一种自发的冲动：我也要当“药王”。那时候我们家很穷，上学后，我每年都帮妈妈采制林檎茶，卖了钱供我们上学。这些看似琐碎的小事，烙下了我对海棠的情感。

后来，我终于当上了药匠，离别妈妈去武汉读大学时，妈妈担心我无法适应当地的炎热气候，特意给我揣上一包林檎茶。但我很快发现妈妈的担心是多余的。武汉的大街小巷都有花红茶，就是妈妈的林檎茶。与家乡一样，南来北往的人，不管是普通市民，还是过往商人，都喜欢喝花红茶。茶的做工同妈妈的茶一样精细，擦得晶莹透亮的玻璃杯，倒上茶水后再盖上干净的玻璃片，这一杯杯茶水仿佛琼浆玉液，滋润了每一位喝茶的人。与同学们分享妈妈给我带的林檎茶，一直是我大学最愉快的事。

毕业后多年不去武汉，但依旧年年与同学们分享林檎茶。直到同学聚会时，要好的同学告诉我，林檎茶好，但黄褐色的叶子粗糙得看起来仿佛随手捡起来的落叶……再去街头转转，昔日熟悉的茶杯不见了，各种饮料取代了花红茶。如梦初醒，我是药匠，却匠心黯然，忘了当年对妈妈的承诺，羞愧万分，我决定改名定志，以金子般的心植药，再续林檎茶缘，将土家族最好的东西以更好的方式分享于众人。

如今，妈妈可以安息了。她交给我的林檎茶还有很多人依旧在享用。同道们已将粗茶细制。妈妈的“林檎茶”传递的勤劳、博爱、善思、坚忍的品格已慢慢融入我的骨髓里,或许也渐渐影响了我的学生。

“林檎茶”，愿天下所有父母健康，愿天下所有儿女快乐！

汪鋆植

前言

中国已步入康养时代，健康理念和需要发生了重大转变，从以“治病”为中心转变为以“维护健康”为中心。更多家庭、个人积极参与到健康管理中，更加注重健康膳食、心理调适、运动养护等，全面促进了健康发展，特别是对亚健康的管控有了更高期许。

亚健康是大多数慢性非传染性疾病的病前状态。多数内分泌代谢疾病、心脑血管疾病和恶性肿瘤等均与亚健康状态有关。亚健康不仅易影响人的心情、精神，还影响工作、生活和学习质量。虽然亚健康已受到社会各界高度关注，但人们对健康的自我管理，对亚健康问题的科学处置能力还与需求不相匹配。因此，传播养生、防病、康复基本知识，帮助人们提高健康素养，养成健康的生活方式，掌握解决亚健康问题的基本技能，是实现健康管理的重要途径。

海棠自古以来是我国极具特色的雅俗共赏的观赏及食、药用植物。海棠花素有“花中神仙”之称。种海棠，可美化环境，保护生态；赏海棠，可领略丰富多样的海棠文化，陶冶情趣；用海棠，可调理饮食，防病于先，轻病早治，巩固健康。因此，本书意在以海棠为媒，共享健康知识，助力健康管理，提升生活质量。

本书从海棠的资源品种、海棠文化的形成与发展、海棠活性与康养三大方面对海棠相关文献进行了全面整理，便于人们对海棠有更系统的了解。湖北海棠叶代茶饮用已有千年历史， 2014 年被批准为新食品原料，收载于《湖北省中药材质量标准》《山东中药材标准》。它具有药食两用特性，是研究较深入，与健康关系密切的海棠代表性品种。本书重点介绍湖北海棠保肝调节代谢，调节内分泌发挥植物雌激素作用的两大药理作用。

本书编写过程中，受到国家自然科学基金“基于 CYP450 途径研究湖北海棠对利福平和异烟肼联用所致小鼠肝损伤的保护作用机制（81903769）”、湖北省自然科学基金项目“内生菌次生代谢产物活性成分的研究（2011CDA139）”、湖北省技术创新专项重大专项“茶海棠降脂功能因子定向获取及功能食品关键技术研发（2016ABA107）”、湖北省教育厅项目“湖北海棠的活性评价与综合开发利用研究（CXY2009B007）”、湖北省技术创新专项（民族专项）“海棠茶发酵工艺关键技术研究（2018AKB029）”等项目资助。本书出版得到三峡大学、恩施硒海棠生物科技有限公司、河南省泓旭生态农业科技开发有限公司资助，在此一并表示感谢！

由于本书涉及内容广泛，虽然经编委和编辑反复审校，但疏漏或不当之处仍在所难免，敬请广大读者予以斧正。

编者

2020 年 12 月

目 录

第一篇 海棠品种介绍

第二篇 海棠文化与康养

第一篇

海棠品种介绍

海棠是蔷薇科苹果属和木瓜属的多种植物的通称，为我国著名观赏树种，用于城市绿化、观赏，各地均有栽培。其中苹果属中除苹果以外的大多数植物均称为海棠，其中包含有多个园艺变种[1]。木瓜属的主要有皱皮木瓜（贴梗海棠）、毛叶木瓜（木瓜海棠）和日本木瓜（倭海棠）等。国际上通常将果实直径小于等于5厘米的苹果属植物叫海棠（Crabapple）。西府海棠、垂丝海棠、贴梗海棠和木瓜海棠，习称“海棠四品”，是重要的温带观花树木[2]。

海棠的幼叶、花、果具有较高的观赏价值。海棠花色有绯红、朱红、粉红、浅红、橘红、白色及复色等丰富的颜色。花初开似红晕点点，盛时如绮霞片片，至落则若淡妆清雅[3]。自古以来都是雅俗共赏的名花，素有“花中神仙”“花贵妃”“花尊贵”之称，海棠素有“国艳”之誉[4]。海棠不仅花朵娇艳，其果实亦玲珑可观，秋季红黄相映，晶莹剔透，如珠似玉摇曳枝头，又或果实硕大金黄，芳香扑鼻，也极具特色。且有的味美可鲜食，有的清香可采置盘内观赏，有的可制蜜饯，有的可入药，具有很高的食用、药用价值。冬季，大雪纷飞，一片银色世界里，数枚红果仍高挂枝间，引得小鸟前来啄食，为园林冬景增添生机和色彩。因此，历史上以海棠为题材的诗、画不胜枚举[3]。

第一章

海棠资源

海棠分布于北温带，横跨欧洲、亚洲和北美洲，有四大分布区，分别为中国、北美、欧洲-中亚和环地中海地区。其中中国是苹果属植物种数最多、特有种最多的地区，是世界的苹果属分布中心及多样性中心[5]，拥有本属从原始到进化的全部演化阶段的物种，也是世界海棠的大基因中心，全世界共35种，我国有20余种，分布于河北、山东、湖北、四川、云南、西藏等地[6]。

海棠在我国已有两千多年的栽培历史，古代称海棠为“奈”“棠”“林檎”。《山海经》是较早记录野生海棠的书籍，而对海棠栽培记录最早的是《上林赋》[7]。我国对海棠的分类主要以形态学分类方法为主。按叶型分为先端不分裂类和裂叶型两类。根据不同季节叶色的变化，把叶色分为绿色叶型、新梢红色叶型、秋色叶型3类。按花型分为5类：桃花型、蔷薇型、梅花型、樱花型、玫瑰花型；按花色分为白色、粉色、红色、紫色4类。果实按直径的大小分为大果（直径2.5～5.0厘米）、中果（直径1.3～2.5厘米）、小果（直径0.5～1.3厘米）、特小果（直径0.5厘米以下）4类；按果实的颜色分为绿色、黄色、红色、紫红色4类[8]。

海棠自唐代被植于园林中并引起人们的高度重视，特别是在宋代受到帝王将相垂青，留下了很多赞颂海棠的诗篇。欧美原产海棠种类较少，中国的海棠于1780年左右开始传入北美，又于18世纪传到欧洲，在200多年间里通过许多园艺工作者的反复杂交和选育，培育出了大量观赏价值较高的品种[9]。现代育种技术的发展，使海棠的品种不断丰富，已多达近千品种，而且种植更加广泛，数量更为庞大。但欧美国家多采用杂交选育的方法进行培育，多数品种属于自然杂交种，亲本信息缺乏。同时，品种分类主要以形态学分类为主，受环境影响大，需要进一步规范。

第一节 苹果属海棠资源

一、中国传统苹果属海棠资源

海棠原产于中国，多种海棠有着悠久的栽种历史，被称为中国的传统海棠，资源种繁多，见表1。

表1 中国传统苹果属海棠品种

中文名	学名
湖北海棠	*Malus hupehensis* (Pamp.) Rehd.
海棠花	*Malus spectabilis* (Ait.)Borkh.
花红	*Malus asiatica* Nakai
垂丝海棠	*Malus halliana* Koehne
毛山荆子	*Malus mandshurica* (Maxim.) Kom.
陇东海棠	*Malus kansuensis* (Batal.) Schneid.
西府海棠	*Malus×micromalus* Makino
三叶海棠	*Malus sieboldii*(Regal)Rehd.
滇池海棠	*Malus yunnanensis* (Franch.) Schneid.
楸子	*Malus prunifolia*(Willd.)Borkh.
台湾林檎	*Malus doumeri* (Bois) Chev.
尖嘴林檎	*Malus melliana* (Hand.-Mazz.) Rehd.
河南海棠	*Malus honanensis* Rehder
山楂海棠	*Malus komarovii* (Sarg.) Rehder
沧江海棠	*Malus ombrophila* Hand.-Mazz.
西蜀海棠	*Malus prattii* (Hemsl.)Schneid.
变叶海棠	*Malus toringoides* (Rehder) Hughes
花叶海棠	*Malus transitoria* (Batalin)Schneid.

续表

中文名	学名
丽江山荆子	*Malus rockii* Rehd.
新疆野苹果	*Malus sieversii* (Ledeb.) Roem.
山荆子	*Malus baccata* (L.) Borkh.
锡金海棠	*Malus sikkimensis* (Wenz.) Koehne (1890)

二、现代海棠资源

现代海棠的概念泛指从自然杂交海棠品种中经人工选育驯化得到的具有良好景观表现的杂交品种群[10]。18世纪以来，一些中国传统海棠引种至国外，与当地的海棠品种进行自然杂交，形成了性状稳定的海棠品种资源。20世纪以来，海棠品种的培育和扩繁加快，国内外研究人员选育出了大量观赏价值较高的品种，这些品种或花大色艳、或抗性较强、或果实晶莹、或株型优美，被称为现代海棠品种资源，也被称为北美海棠资源。据不完全统计，曾有近千个现代海棠品种被命名，其资源相当丰富。2014年我国获得海棠栽培品种国际登录权，极大地促进了观赏海棠的产业发展。20世纪末，北京植物园陆续从美国、比利时等引进海棠品种80多个，丰富了我国海棠品种，推动了海棠培育及海棠行业的不断发展。国内各地区也陆续从国外引进了约200多个品种，海棠正逐渐成为园林景观绿化中的新宠。近年来，我国海棠品种培育工作加速发展，如山东农业大学选育出了10多个新品种。传统海棠花期早，花缺香，近年培育的花期晚、树形独特、花朵有香味的品种，极大丰富了海棠品种，进一步满足了市场新需求，提高了海棠的观赏价值，使其观赏期可以持续整年，甚至到次年。

观赏海棠的株型、花、叶、果等均具有观赏特性，其中花最具观赏价值。根据花开数量，习惯分为三期。始花期，指花朵开放数量占整株的10%；盛花期，指花朵开放数量占整株的70%；末花期，指10%左右的花朵开始凋谢[11]。

现代海棠在我国华北地区的许多公园绿地中已经得到了广泛应用，

种植的现代海棠品种见表2。

表2 常见的现代海棠品种

中文名	学名
宝石海棠	*Malus* '*Jewelberry*'
草莓果冻海棠	*Malus* '*Strawberry Parfait*'
道格海棠	*Malus* '*Dolgo*'
粉芽海棠	*Malus* '*Pink spires*'
丰花海棠	*Malus* '*Profusion*'
凯尔斯海棠	*Malus* '*Kelsey*'
绚丽海棠	*Malus* '*Radiant*'
王族海棠	*Malus* '*Royalty*'
红丽海棠	*Malus* '*Red Splendor*'
雪球海棠	*Malus* '*Snowdrift*'
红玉海棠	*Malus* '*Red Jade*'
钻石海棠	*Malus* '*Sparkler*'
亚当海棠	*Malus* '*Adams*'
鲁道夫海棠	*Malus* '*Rudolph*'
高原之火海棠	*Malus* '*Prairfire*'
印第安魔力海棠	*Malus* '*Indian Magic*'
火焰海棠	*Malus* '*Flame*'
罗宾逊海棠	*Malus* '*Robinson*'
红巴伦海棠	*Malus* '*Red Barron*'
春雪海棠	*Malus* '*Spring Snow*'
高峰海棠	*Malus* '*Everest*'
霍巴海棠	*Malus* '*Hope*'
塞尔科海棠	*Malus* '*Selkirk*'
雷蒙海棠	*Malus* '*Lemoninei*'
李斯特海棠	*Malus* '*Liset*'
马卡海棠	*Malus* '*Makamik*'
印第安夏天海棠	*Malus* '*Indian Summer*'
霹雳贝贝海棠	*Malus* '*Thunderchild*'
路易莎海棠	*Malus* '*Louisa*'
伊索海棠	*Malus* '*Van Eseltine*'
红哨兵海棠	*Malus* '*Red Sentinel*'
当娜海棠	*Malus* '*Dana*'
撒氏海棠	*Malus* '*Sargentii*'
斯普伦格教授海棠	*Malus* '*Professor Sprenger*'
红裂海棠	*Malus* '*Coralcole*'
塞山海棠	*Malus* '*Selkirk*'
珠穆朗玛海棠	*Malus* '*Qomolangma*'
艾丽海棠	*Malus* '*Eleyi*'
阿达克海棠	*Malus* '*Adirondack*'

续表

中文名	学名
粉屋顶海棠	*Malus* '*Pink Sprie*'
珊瑚礁海棠	*Malus* '*Coralcole*'
金峰海棠	*Malus* '*Golden*'
丽丝海棠	*Malus* '*Liset*' *Louisa*
丰盛海棠	*Malus* '*Profusion*'
紫色王子海棠	*Malus* '*Purpie prince*'
红宝石海棠	*Malus*×*micromalus* '*Ruby*'
白兰地海棠	*Malus* '*Brandywine*'
金丰收海棠	*Malus* '*Harvest Gold*'
美果朱眉海棠	*Malus* '*Zumi* '*Calocarpa*'
多花海棠	*Malus floribunda*
灰姑娘海棠	*Malus* '*Cinderella*'
科里海棠	*Malus* '*Klehm's improved Bechtel*'
薄荷糖海棠	*Malus* '*Candymint*'
紫雨滴海棠	*Malus* '*Royal Raindrops*'

第二节

木瓜属海棠资源

蔷薇科木瓜属植物共 5 个品种，即贴梗海棠、木瓜海棠、木瓜、西藏木瓜和日本木瓜。我国是该属植物的起源和分布中心，除日本木瓜原产于日本外，其余 4 种均原产于我国。木瓜属植物栽培历史悠久，早在战国时期，《山海经》等古书中就有记载。贴梗海棠、木瓜海棠既是著名的观赏花木，又是我国的传统中药。《神农本草经》曰："木瓜，生夷陵。"表明湖北宜昌很早就已开始使用中药木瓜[12]。

随着育种技术的发展和园林绿化的需要，木瓜属植物出现了许多新的栽培类型。这些栽培品种目前主要集中在药用和果用木瓜及观赏品种两方面。主要有法国贴梗海棠、华丽木瓜（傲大贴梗海棠）、加州木瓜海棠等杂交种，以及多种栽培品种。法国贴梗海棠由法国的维尔莫里苗圃于 1921 年选育，为贴梗海棠和木瓜海棠的杂交种。傲大贴梗海棠为日本木瓜和贴梗海棠的杂交种。加州木瓜海棠为木瓜海棠和傲大贴梗海棠的杂交种。我国种植的木瓜属海棠品种见表3。

表3 中国种植的木瓜属海棠品种

中文名	学名
贴梗海棠	*Chaenomeles speciosa*(Sweet)Nakai
木瓜海棠	*Chaenomeles cathayensis* (Hemsl.)Schneid.
木瓜	*Chaenomeles sinensis* (Thouin) Koehne
西藏木瓜	*Chaenomeles thibetica* Yu
日本木瓜	*Chaenomeles japonica*
法国贴梗海棠	*Chaenomeles*× *vilmorinii*
傲大贴梗海棠	*Chaenomeles*× *superba*
加州木瓜海棠	*Chaenomeles*×*californica*
粗皮剩花	*Chaenomeles sinensis* 'Cupi Shenghua'
豆青	*Chaenomeles sinensis* 'Douqing'
小狮子头	*Chaenomeles sinensis* 'Xiao Shizitou'
细皮剩花	*Chaenomeles sinensis* 'Xipi Shenghua'
玉兰	*Chaenomeles sinensis* 'Yulan'
长俊	*Chaenomeles cathayensis* 'Changjun'
红霞	*Chaenomeles cathayensis* 'Hongxia'
金陵粉	*Chaenomeles cathayensis* 'Jinling Fen'
罗扶	*Chaenomeles cathayensis* 'Luofu'
蜀红	*Chaenomeles cathayensis* 'Shu Hong'
一品香	*Chaenomeles cathayensis* 'Yipinxiang'
醉杨妃	*Chaenomeles cathayensis* 'Zui Yangfei'
秀美	*Chaenomeles speciosa* 'Moerloosei'
红艳	*Chaenomeles speciosa* 'Hongyan'
多彩	*Chaenomeles speciosa* 'Toyo Nishiki'
风扬	*Chaenomeles speciosa* 'Fengyang'
凤凰木	*Chaenomeles speciosa* 'Fenghuang Mu'
红星	*Chaenomeles speciosa* 'Hongxing'
夕照	*Chaenomeles speciosa* 'Xizhao'
沂红	*Chaenomeles speciosa* 'Yihong'
沂锦	*Chaenomeles speciosa* 'Yijin'
单白	*Chaenomeles japonica* 'Danbai'
四季红	*Chaenomeles japonica* 'Siji Hong'
单粉	*Chaenomeles japonica* 'Danfen'
矮红	*Chaenomeles japonica* 'Pygmaeus'
日落	*Chaenomeles japonica* 'Riluo'

第二章▸▸
主要海棠品种简介

第一节
苹果属主要传统海棠品种介绍

湖北海棠

【形态特征】 乔木，高达 8 米；小枝最初有短柔毛，不久脱落，老枝紫色至紫褐色；冬芽卵形，先端急尖，鳞片边缘有疏生短柔毛，暗紫色。叶片卵形至卵状椭圆形，长 5～10 厘米，宽 2.5～4 厘米，先端渐尖，基部宽楔形，稀近圆形，边缘有细锐锯齿，嫩时具稀疏短柔毛，不久脱落无毛，常呈紫红色；叶柄长 1～3 厘米，嫩时有稀疏短柔毛，逐渐脱落；托叶草质至膜质，线状披针形，先端渐尖，有疏生柔毛，早落。伞房花序，具花 4～6 朵，花梗长 3～6 厘米，无毛或稍有长柔毛；苞片膜质，披针形，早落；花直径 3.5～4 厘米；萼筒外面无毛或稍有长柔毛；萼片三角卵形，先端渐尖或急尖，长4～5毫米，外面无毛，内面有柔毛，略带紫色，与萼筒等长或稍短；花瓣倒卵形，长约1.5厘米，基部有短爪，粉白色或近白色；雄蕊20，花丝长短不齐，约等于花瓣之半；花柱3，稀4，基部有长绒毛，较雄蕊稍长。果实椭圆形或近球形，直径约1厘米，黄绿色稍带红晕，萼片脱落；果梗长2～4厘米。花期4～5月，果期8～9月[13,14]。

【分布范围】 分布于湖北、湖南、江西、江苏、浙江、安徽、福建、广东、甘肃、陕西、河南、山西、山东、四川、云南和贵州。

【生态习性】 生长于海拔50～2900米的山坡或山谷丛林中。喜光，喜温暖湿润气候，较耐水湿，不耐干旱，根系浅。

【主要价值】

观赏： 湖北海棠属落叶小乔木，干皮、枝条、嫩梢、幼叶、叶柄等部位均呈紫褐色，花蕾时粉红，开后粉白，小果红色，春秋两季观花，是优良绿化观赏树种。

食用： 湖北海棠属于高海拔地区自然野生种。其果为梨果，椭圆形或近球形，直径约1厘米，黄绿色稍带红晕，8～9月采果，鲜用，其味酸、性平，可代山楂入药，消积化滞，治疗痢疾、疳积，是很好的健胃消食食材，并可以酿酒。其嫩叶制茶是夏季广受欢迎的清凉饮料。

药用： 湖北海棠的根、叶、果均可药用，具有多种药理作用。

作砧木： 湖北海棠是无融合生殖系苹果砧木，且种子易繁殖，实生苗无病毒，同时具有矮化、半矮化、亲和力好、结果早、丰产、树形整齐度高、抗逆性强等特点，故是苹果的优良砧木。另外，湖北海棠作为苹果砧木，抗根腐病、抗病毒病且抗涝性强，非常适合应用于该病高发和多雨的江淮地域。因此，对湖北海棠驯化和栽培，有利于扩大苹果属种质资源的环境适应范围，提高果实品质，增加经济效益[15]。

海 棠 花

【形态特征】 乔木，高可达 8 米；小枝粗壮，圆柱形，幼时具短柔毛，逐渐脱落，老时红褐色或紫褐色，无毛；冬芽卵形，先端渐尖，微被柔毛，紫褐色，有数枚外露鳞片。叶片椭圆形至长椭圆形，长 5～8 厘米，宽 2～3 厘米，先端短渐尖或圆钝，基部宽楔形或近圆形，边缘有紧贴细锯齿，有时部分近于全缘，幼嫩时上下两面具稀疏短柔毛，以后脱落，老叶无毛；叶柄长 1.5～3 厘米，具短柔毛；托叶膜质，窄披针形，先端渐尖，全缘，内面具长柔毛。

花序近伞形，有花 5～8 朵，花梗长 2～3 厘米，具柔毛；苞片膜质，披针形，早落；花直径 4～5 厘米；萼筒外面无毛或有白色绒毛；萼片三角卵形，长 3 毫米，比萼筒短或近等长，先端急尖，全缘，外面无毛或偶有稀疏绒毛，内面密被白色绒毛，萼片比萼筒稍短；花瓣卵形，长 2～2.5 厘米，宽 1.5～2 厘米，基部有短爪，白色，在芽中呈粉红色；雄蕊 20～25（30）枚，花丝长短不等，长约花瓣之半；花柱 5，稀 4，基部有白色绒毛，比雄蕊稍长。

果实近球形，直径 1.5～2 厘米，黄色，萼片宿存，基部不下陷，梗洼隆起；果梗细长，先端肥厚，长 3～4 厘米。花期 4～5 月，果期 8～9 月[13]。

【分布范围】 分布于中国河北、山东、陕西、江苏、浙江、云南。

【生态习性】 生长于平原或山地，海拔 50～2000 米。海棠花性喜阳光，不耐阴，忌水湿。海棠花极为耐寒，对严寒及干旱气候有较强的适应性，所以可以承受寒冷的气候，一般来说，海棠花在零下 15℃也能生长得很好，完全可以放在室外，若特别寒冷，零下 30℃以下，要注意采取保护措施。海棠花喜阳，适宜在阳光充足的环境生长，如果长期置于阴凉的地方，就会生长不良，所以一定要保持充足的阳光。

【主要价值】

观赏：海棠花自古以来是雅俗共赏的名花，在皇家园林中常与玉兰、牡丹、桂花相配植，打造"玉棠富贵"的意境。海棠花常植人行道两侧、亭台周围、丛林边缘、水滨池畔等，还可用来制作盆景，切枝可供瓶插及其他装饰之用。

净化空气：海棠花对二氧化硫、氟化氢、硝酸雾、光气都有明显的抗性，尤其对二氧化硫的吸收能力非常强，具有良好的净化空气作用。将一盆至数盆海棠花摆放在装修后的房间，在欣赏之余，能有效地清除家里的有害气体。除此之外，它还可以吸附烟尘，清除空气中的污浊，放在家中可以常保干净舒适的环境。同时，它还可以摆放在书桌电脑附近，能吸收电磁辐射，吸附电脑附近的灰尘，保护身体健康。

食用：果实加工后可食用。味形皆似山楂，酸甜可口，可鲜食或制作蜜饯。

花 红

【形态特征】 落叶小乔木，高 4～6 米；小枝粗壮，圆柱形，嫩枝密被柔毛，老枝暗紫褐色，无毛，有稀疏浅色皮孔；冬芽卵形，先端急尖，初时密被柔毛，逐渐脱落，灰红色。叶片卵形或椭圆形，长 5～11 厘米，宽 4～5.5 厘米，先端急尖或渐尖，基部圆形或宽楔形，边缘有细锐锯齿，上面有短柔毛，逐渐脱落，下面密被短柔毛；叶柄长1.5～5厘米，具短柔毛；托叶小，膜质，披针形，早落。伞房花序，具花4～7朵，集生在小枝顶端；花梗长1.5～2厘米，密被柔毛；花直径3～4厘米；萼筒钟状，外面密被柔毛；萼片三角披针形，长4～5毫米，先端渐尖，全缘，内外两面密被柔毛，萼片比萼筒稍长；花瓣倒卵形或长圆倒卵形，长8～13毫米，宽4～7毫米，基部有短爪，淡粉色；雄蕊17～20，花丝长短不等，比花瓣短；花柱4（5），基部具长绒毛，比雄蕊较长。果实卵形或近球形，直径4～5厘米，黄色或红色，先端渐狭，不具隆起，基部陷入，宿存萼肥厚隆起。花期4～5月，果期8～9月[13]。

【分布范围】 分布于安徽、内蒙古、辽宁、河北、河南、山东、山西、陕西、甘肃、湖北、湖南、四川、贵州、云南、新疆。

【生态习性】 生长于海拔50～2800米的山坡阳处、平原沙地。喜光，耐寒，耐干旱，也能耐一定的水湿和盐碱。

【主要价值】

食用：果除鲜食外，还可以加工制成果干、果丹皮或酿酒。

观赏：花红春花灿烂如霞，夏末秋初果色或橙黄或脂红，让人赏心悦目。树型较小，适宜栽植于庭院各处。与竹子、桂花等中国传统的常绿花木相结合组景，有疏透适度、浓淡相宜之美。室内观果要放在有阳光的窗前、阳台。

花红树姿优雅，花、果均十分美丽，适宜在庭院少量栽种，也可以在山区土壤深厚的地方栽种，以吸引鸟类和啮齿类野生动物。

垂丝海棠

【形态特征】 落叶小乔木，高达5米，树冠疏散，枝开展。小枝细弱，微弯曲，圆柱形，最初有毛，不久脱落，紫色或紫褐色。冬芽卵形，先端渐尖，无毛或仅在鳞片边缘具柔毛，紫色。叶片卵形或椭

圆形至长椭卵形，长 3.5～8 厘米，宽 2.5～4.5 厘米，先端长渐尖，基部楔形至近圆形，锯齿细钝或近全缘，质较厚实，表面有光泽。中脉有时具短柔毛，其余部分均无毛，上面深绿色，有光泽并常带紫晕。叶柄长 5～25 毫米，幼时被稀疏柔毛，老时近于无毛；托叶小，膜质，披针形，内面有毛，早落。伞房花序，花序中常有 1～2 朵花无雌蕊，具花 4～6 朵，花梗细弱，长 2～4 厘米，下垂，有稀疏柔毛，紫色；花直径 3～3.5 厘米。萼筒外面无毛；萼片三角卵形，长 3～5 毫米，先端钝，全缘，外面无毛，内面密被绒毛，与萼筒等长或稍短。花瓣倒卵形，长约 1.5 厘米，基部有短爪，粉红色，常在 5 数以上。雄蕊 20～25，花丝长短不齐，约等于花瓣之半。花柱 4 或 5，较雄蕊长，基部有长绒毛，顶花有时缺少雌蕊。

果实梨形或倒卵形，直径 6～8 毫米，略带紫色，成熟很迟，萼片脱落。果梗长 2～5 厘米。花期 3～4 月，果期 9～10 月[13]。

【分布范围】 产于江苏、浙江、安徽、陕西、四川、云南。

【生态习性】 生长于山坡丛林中或山溪边，海拔 50～1200 米。垂丝海棠性喜阳光，不耐阴，也不甚耐寒，喜温暖湿润环境，适生于阳光充足、背风之处。土壤要求不严，微酸或微碱性土壤均可成长，但以土层深厚、疏松、肥沃、排水良好略带黏质的生长更好。此花生性强健，栽培容易，不需要特殊技术管理，唯不耐水涝，盆栽须防止水渍，以免烂根。

【主要价值】

食用：开花后结果酸甜可食，可制蜜饯。

药用：调经和血，主治血崩。

观赏：垂丝海棠花色艳丽，花姿优美，花期在4月左右。花朵簇生于顶端，花瓣呈玫瑰红色，朵朵弯曲下垂，如遇微风飘飘荡荡，娇柔红艳。远望犹如彤云密布，美不胜收，是深受人们喜爱的庭院木本花卉。

毛山荆子

【形态特征】 别名辽山荆子、棠梨木。乔木，高达15米。小枝嫩时密被短柔毛，老时逐渐脱落，紫褐色或暗褐色。单叶互生；叶柄长3～4厘米，具疏短柔毛；托叶线状披针形，边缘具疏腺齿，早落；叶片卵形、椭圆形至倒卵形，长5～8厘米，宽3～4厘米，先端急尖或渐尖，基部楔形或近圆形，边缘有细锯齿，基部锯齿浅钝近于全缘。花两性；伞形花序，具花3～6朵，无总梗，集生在小枝顶端；花梗长3～5厘米，有疏生短柔毛；花白色，直径3～3.5厘米；萼筒外面疏生短柔毛；萼裂片5，披针形，内面被绒毛；花瓣5，长卵形，长1.5～2厘米，基部有短爪；雄蕊30；花柱4，稀5，基部具绒毛，较雄蕊稍长。梨果椭圆形或倒卵形，直径8～12毫米，红色，萼片脱落。花期5～6月，果期8～9月[13]。

【分布范围】 分布于东北及内蒙古、山西、陕西、甘肃等地。

【生态习性】 生于海拔100～2100米的山坡杂木林中，山顶及山沟也有。

【主要价值】 果、花、叶和茎入药。具有和胃止吐、止泻之功效。

陇东海棠

【形态特征】 灌木至小乔木，高3～5米；小枝粗壮，圆柱形，嫩时有短柔毛，不久脱落。老时紫褐色或暗褐色；冬芽卵形，先端钝，鳞片边缘具绒毛，暗紫色。叶片卵形或宽卵形，长5～8厘米，宽4～6

厘米，先端急尖或渐尖，基部圆形或截形，边缘有细锐重锯齿，通常 3 浅裂，稀有不规则分裂或不裂，裂片三角卵形，先端急尖，下面有稀疏短柔毛；叶柄长 1.5～4 厘米，有疏生短柔毛；托叶草质，线状披针形，先端渐尖，边缘有疏生腺齿，长 6～10 毫米，稍有柔毛。

伞形总状花序，具花 4～10 朵，直径 5～6.5 厘米，总花梗和花梗嫩时有稀疏柔毛，不久即脱落，花梗长 2.5～3.5 厘米；苞片膜质，线状披针形，很早脱落；花直径 1.5～2 厘米；萼筒外面有长柔毛；萼片三角卵形至三角披针形，先端渐尖，全缘，外面无毛，内面具长柔毛，与萼筒等长或稍长；花瓣宽倒卵形，基部有短爪，内面上部有稀疏长柔毛，白色；雄蕊 20，花丝长短不一，约等于花瓣之半；花柱 3，稀 4 或 2，基部无毛，比雄蕊稍长。

果实椭圆形或倒卵形，直径 1～1.5 厘米，黄红色，有少数石细胞，萼片脱落，果梗长 2～3.5 厘米。花期 5～6 月，果期 7～8 月[13]。

该种的叶片与河南海棠近似。但后者叶的裂片较多，花序无毛或微具长柔毛，果实近球形，常具宿萼，易于区别。

【分布范围】 产于中国甘肃、河南、陕西、四川。

【生态习性】 生长于海拔 1500～3000 米杂木林或灌木丛中。

【主要价值】 作果树及砧木，或观赏用树种。各地有栽培。

西府海棠

【形态特征】 小乔木，高达 2.5～5 米，树枝直立性强；小枝细弱圆柱形，嫩时被短柔毛，老时脱落，紫红色或暗褐色，具稀疏皮孔；冬芽卵形，先端急尖，无毛或仅边缘有绒毛，暗紫色。

叶片长椭圆形或椭圆形，长 5～10 厘米，宽 2.5～5 厘米，先端急尖或渐尖，基部楔形，稀近圆形，边缘有尖锐锯齿，嫩叶被短柔毛，下面较密，老时脱落；叶柄长 2～3.5 厘米；托叶膜质，线状披针形，先端渐尖，边缘有疏生腺齿，近于无毛，早落。

伞形总状花序，有花 4～7 朵，集生于小枝顶端，花梗长 2～3 厘米，嫩时被长柔毛，逐渐脱落；苞片膜质，线状披针形，早落；花直径约 4 厘米；萼筒外面密被白色长绒毛；萼片三角卵形，三角披针形至长卵形，先端急尖或渐尖，全缘，长 5～8 毫米，内面被白色绒毛，外面较稀疏，萼片与萼筒等长或稍长；花瓣近圆形或长椭圆形，长约 1.5 厘米，基部有短爪，粉红色；雄蕊约 20，花丝长短不等，比花瓣稍短；花柱 5，基部具绒毛，约与雄蕊等长。

果实近球形，直径 1～1.5 厘米，红色，萼洼、梗洼均下陷，萼片多数脱落，少数宿存。花期 4～5 月，果期 8～9 月[13]。

【分布范围】 产于辽宁、河北、山西、山东、陕西、甘肃、云南。

【生态习性】 生长于海拔 100～2400 米。喜光，耐寒，忌水涝，忌空气过湿，较耐干旱。

【主要价值】 为常见的栽培果树及观赏树。树姿直立，花朵密集，在北方干燥地带生长良好，是绿化工程中较受欢迎的品种。果味酸甜，可供鲜食及加工用。栽培品种很多，果实形状、大小、颜色和成熟期均有差别，所以有热花红、冷花红、铁花红、紫海棠、红海棠、老海红、八楞海棠等名称。华北有些地区用作苹果或花红的砧木，生长良好，比山荆子抗旱力强。

三叶海棠

【形态特征】 又名山茶果、野黄子、山楂子。灌木，高约 2～6

米。小枝稍有棱角，暗紫色或紫褐色。叶互生；叶柄长1～2.5厘米，有短柔毛；托叶狭披针形，全缘；叶片椭圆形、长椭圆形或卵形，长3～7.5厘米，宽2～4厘米，先端急尖，基部圆形或宽楔形，边缘有尖锐锯齿，常3、稀5浅裂，下面沿中肋及侧脉有短柔毛。花两性；花4～8朵，集生于小枝顶端，花梗长2～2.5厘米，有柔毛或近于无毛；苞片线状披针形，早落；萼片5，三角状卵形；花瓣红色，长椭圆状倒卵形，直径2～3厘米，基部有短爪；雄蕊20，花丝长短不等，约等于花瓣之半；花柱3～5，基部有长柔毛。梨果近球形，直径6～8毫米，红色或褐色，萼裂片脱落；果梗长2～3厘米。花期4～5月，果期8～9月。

【分布范围】 分布于辽宁、陕西、甘肃、山东、浙江、江西、福建、湖北、湖南、广东、广西、四川、贵州等地[13]。

【生态习性】 生于海拔150～2000米的山坡杂木林或灌木丛中。

【主要价值】 果近球形，红色或褐黄色，气微，味酸微甜。代山楂用，具有消食健胃之功效。常用于饮食积滞。

滇池海棠

【形态特征】 又名云南海棠。乔木，高达10米。小枝粗壮，幼时密生绒毛，老时逐渐脱落减少，暗紫色或紫褐色。叶互生；叶柄长2～3.5厘米，具绒毛；托叶线形；叶片卵形、宽卵形至长椭圆形，长6～12厘米，宽4～7厘米，先端急尖，基部圆形至浅心形，边缘有尖锐重锯齿，通常上半部两侧各有3～5浅裂，上面近无毛，下面密被绒毛。花两性；伞形总状花序，具花8～12朵，总花梗和花梗均密被绒毛；花梗长1.5～3厘米；花白色，直径约1.5厘米；萼筒钟状，外面密被绒毛；萼片5，三角状卵形；花瓣5，近圆形，长约8毫米，基部有短爪；雄蕊20～25；花柱5，基部无毛。梨果球形，直径1～1.5厘米，红色，有白点，萼裂片宿存；果梗长2～3厘米。花期5月，果期8～

9月[13]。

【分布范围】分布于四川、云南等地。

【生态习性】生于海拔1600～3800米的山坡杂木林中或山谷沟边。

【主要价值】果实入药，具有健胃消积，行瘀定痛之功效。常用于饮食停滞，脘腹胀痛，痢疾，泄泻，疝气等。

楸　子

【形态特征】小乔木，高达3～8米；小枝粗壮，圆柱形，嫩时密被短柔毛，老枝灰紫色或灰褐色，无毛；冬芽卵形，先端急尖，微具柔毛，边缘较密，紫褐色，有数枚外露鳞片。

叶片卵形或椭圆形，长5～9厘米，宽4～5厘米，先端渐尖或急尖，基部宽楔形，边缘有细锐锯齿，幼嫩时上下两面的中脉及侧脉有柔毛，逐渐脱落，仅在下面中脉稍有短柔毛或近于无毛；叶柄长1～5厘米，嫩时密被柔毛，老时脱落。

花4～10朵，近似伞形花序，花梗长2～3.5厘米，被短柔毛；苞片膜质，线状披针形，先端渐尖，微被柔毛，早落；花直径4～5厘米；萼筒外面被柔毛；萼片披针形或三角披针形，长7～9厘米，先端渐尖，全缘，两面均被柔毛，萼片比萼筒长；花瓣倒卵形或椭圆形，长约2.5～3厘米，宽约1.5厘米，基部有短爪，白色，含苞未放时粉红色；雄蕊20，花丝长短不齐，约等于花瓣三分之一；花柱4（5），基部有长绒毛，比雄蕊较长。

果实卵形，直径2～2.5厘米，红色，先端渐尖，稍具隆起，萼洼微突，萼片宿存肥厚，果梗细长。花期4～5月，果期8～9月。

【分布范围】分布于河北、山东、山西、河南、陕西、甘肃、辽宁、内蒙古等地，野生或栽培[13]。

【生态习性】生长于海拔50～1300米的山坡、平地或山谷梯田边。楸子喜光，耐寒，耐旱，耐盐碱，较耐水湿。深根性，生长快，对城市土壤适应性较强。

【主要价值】

作砧木：该种的类型多样，适应性强，抗寒抗旱也能耐湿，是苹果的优良砧木。在山东烟台海滨沙滩果园用以嫁接西洋苹果，生长良好，早熟，丰产。在陕西、甘肃的黄土高原上作苹果砧木，生长健壮，寿命很长。米丘林在培育抗寒苹果的工作中采用楸子作为育种原始材料，称为基泰伊卡，自中国东北引入苏联栽培。

观赏及食用：经过长期栽培，品种很多，有些果实味甜酸，可供食用及加工。春季繁花满树，秋季红色硕果累累，有红果和黄果之分，极具观赏价值，可观赏又可食用。

药用：果实入药，味酸、甘，性平。生津，消食。主治消渴，食积。

台湾林檎

【形态特征】 乔木，高达15米；小枝圆柱形，嫩枝被长柔毛，老枝暗灰褐色或紫褐色，无毛，具稀疏纵裂皮孔；冬芽卵形，先端急尖，被柔毛或仅在鳞片边缘有柔毛，红紫色。

叶片长椭卵形至卵状披针形，长9～15厘米，宽4～6.5厘米，先端渐尖，基部圆形或楔形，边缘有不整齐尖锐锯齿，嫩时两面有白色绒毛，成熟时脱落；叶柄长1.5～3厘米，嫩时被绒毛，以后脱落无毛；托叶膜质，线状披针形，先端渐尖，全缘，无毛，早落。

花序近似伞形，有花4～5朵，花梗长1.5～3厘米，有白色绒毛；苞片膜质，线状披针形，先端钝，全缘，无毛；花直径2.5～3厘米；萼筒倒钟形，外面有绒毛；萼片卵状披针形，先端渐尖，全缘，长约8毫米，内面密被白色绒毛，与萼筒等长或稍长；花瓣卵形，基部有短爪，黄白色；雄蕊约30，花药黄色；花柱4～5，基部有长绒毛，较雄蕊长，柱头半圆形。

果实球形，直径 4～5.5 厘米，黄红色。宿萼有短筒，萼片反折，先端隆起，果心分离，外面有点，果梗长 1～3 厘米[13]。

【分布范围】 产于台湾，越南、老挝有分布。

【生态习性】 林中习见，海拔 1000～2000 米。

【主要价值】 本种果实肥大，有香气，生食微带涩味。当地居民用盐渍后食用，名叫“撒两比”或“撒多”。一般用实生苗繁殖，种子萌发力很强，可以作为亚热带地区栽培苹果的砧木及育种用原始材料。果实入药，健脾开胃。用于脾虚所致的食积停滞，脘腹胀满，腹痛等。

尖嘴林檎

【形态特征】 灌木或小乔木，高 4～10 米；小枝微弯曲，圆柱形，幼时微具柔毛，老时脱落，暗灰褐色；冬芽卵形，先端急尖，无毛，稀在先端鳞片边缘微具柔毛，红紫色。叶片椭圆形至卵状椭圆形，长 5～10 厘米，宽 2.5～4 厘米，先端急尖或渐尖，基部圆形至宽楔形，边缘有圆钝锯齿，嫩时微具柔毛，成熟脱落；叶柄长 1.5～2.5 厘米；托叶膜质，线状披针形，先端渐尖，全缘，内面微具柔毛。

花序近伞形，有花 5～7 朵，花梗长 3～5 厘米，无毛；苞片披针形，早落；花直径约 2.5 厘米；萼筒外面无毛；萼片三角披针形，先端渐尖，全缘，长约 8 毫米，外面无毛，内面具绒毛，较萼筒长；花瓣倒卵形，长约 1～2 厘米，基部有短爪，紫白色；雄蕊约 30，花丝长短不等，比花瓣稍短；花柱 5，基部有白色绒毛，较雄蕊稍长，柱头棒状。果实球形，直径 1.5～2.5 厘米，宿萼有长筒，长 5～8 毫米，萼片反折，果先端隆起，果心分离，果梗长 2～2.5 厘米。花期 5 月，果期 8～9 月[13]。

【分布范围】 分布于浙江、安徽、江西、湖南、福建、广东、广西和云南。

【生态习性】 生长于海拔700～2400米的山地混交林中或山谷沟边。

【主要价值】 果实入药，具有涩肠止痢之功效。常用于泄泻，痢疾。

河南海棠

【形态特征】 灌木或小乔木，高达5～7米；小枝细弱，圆柱形，嫩时被稀疏绒毛，不久脱落，老枝红褐色，无毛，具稀疏褐色皮孔；冬芽卵形，先端钝，鳞片边缘被长柔毛，红褐色。叶片宽卵形至长椭卵形，长4～7厘米，宽3.5～6厘米，先端急尖，基部圆形、心形或截形，边缘有尖锐重锯齿，两侧具有3～6浅裂，裂片宽卵形，先端急尖，两面具柔毛，上面不久脱落；叶柄长1.5～2.5厘米，被柔毛；托叶膜质，线状披针形，早落。

伞形总状花序，具花5～10朵，花梗细，长1.5～3厘米，嫩时被柔毛，不久脱落；花直径约1.5厘米；萼筒外被稀疏柔毛；萼片三角卵形，先端急尖，全缘，长约2毫米，外面无毛，内面密被长柔毛，比萼筒短；花瓣卵形，长7～8毫米，基部近心形，有短爪，两面无毛，粉白色；雄蕊约20；花柱3～4，基部合生，无毛。果实近球形，直径约8毫米，黄红色，萼片宿存。花期5月，果期8～9月[13]。

【分布范围】 分布于河南、河北、山西、陕西、甘肃、四川和湖北等地。

【生态习性】 生长于海拔800～2600米的山谷或山坡丛林中。对土壤要求严格，且不耐盐碱，立枯病多。有一定的抗寒、抗旱能力。

【主要价值】

观赏：河南海棠虽身居800～2600米海拔的山地，但其繁密的粉白色花朵及挂满枝头的鲜红色果实已显示了其自身较高的观赏价值，在公园绿地中可以与园林建筑相互配置，青瓦白墙和河南海棠的洁白朴素，自然而然地塑造出一种清雅质朴的意境。

食用：河南海棠含有丰富的黄酮类物质及维生素 C、维生素 E 等，对心脑血管疾病、支气管哮喘有辅助治疗效果，嫩叶可制茶，果实有多种用途，可提取红色素，还可以做成果干、果脯，酿酒，制酱，制醋等。

作砧木：河南海棠除观赏外，其具有一定的矮化效果，而且耐寒、耐旱、耐瘠薄，抗黑星病和退绿叶斑病等，不仅可以作苹果砧木，而且也是进行苹果属观赏海棠种质创新的重要资源。

山楂海棠

【形态特征】 灌木或小乔木，高达 3 米；小枝圆柱形，幼时具柔毛，暗红色，老枝无毛，红褐色或紫褐色，有稀疏褐色皮孔；冬芽卵形，鳞片边缘具柔毛，暗红色。

叶片宽卵形，稀长椭卵形，长 4～8 厘米，宽 3～7 厘米，先端渐尖或急尖，基部心形或近心形，边缘具有尖锐重锯齿，通常中部有明显 3 深裂，基部常具一对浅裂，上半部常具不规则浅裂或不裂，裂片长圆卵形，先端渐尖或急尖，幼时上面有稀疏柔毛，下面沿叶脉及中脉较密；叶柄长 1～3 厘米，被柔毛；托叶膜质，线状披针形，边缘有腺齿，早落。

伞房花序，具花 6～8 朵，花梗长约 2 毫米，被长柔毛；花直径约 3.5 厘米；萼筒钟状，外面密被绒毛；萼片三角披针形，先端渐尖，全缘，长约 2～3 毫米，内面密被绒毛，外面近于无毛，比萼筒长；花瓣倒卵形，白色；雄蕊 20～30；花柱 4～5，基部无毛。

果实椭圆形，长 1～1.5 厘米，直径 0.8～1.0 厘米，红色，果心先端分离，萼片脱落，果肉有少数石细胞，果梗长约 1.5 厘米。花期 5 月，果期 9 月[13]。

【分布范围】 主要分布于吉林长白山。朝鲜北部也有分布。

【生态习性】 山楂海棠天生耐严寒，又植株低矮。分布区具有湿润型温带季风气候特征，冬季长、严寒，夏季短、凉爽，降水量较多，湿度较大，土壤为山地灰化棕色森林土，pH 值约 5.0。多生于海拔 1100～1300 米，土壤深肥、湿润、排水良好的林间空地灌丛中。

【主要价值】

观赏：山楂海棠是一种珍稀植物。6 月，一簇簇由十来朵白色花在枝顶集成的伞状花序随山风舞动，洁白的圆形花瓣中央是淡红色的花药，在绿叶的映衬下显得素雅而美丽。9 月，金红如玛瑙珠般亮泽的果实挂满枝头，令人垂涎欲滴。

遗传育种：山楂海棠天生耐严寒，又植株低矮，因此是培育苹果属矮化品种的遗传基因库，也是研究苹果属抗寒性的宝贵材料。

食用：山楂海棠花果并茂，果实味道酸甜，富含维生素 C，可生食和制作果汁、果酱。

沧江海棠

【形态特征】 乔木，高达 10 米；小枝粗壮，圆柱形，嫩时密被短柔毛，老时脱落，暗紫色或紫褐色，具稀疏纵裂皮孔；冬芽卵形，先端钝，近于无毛或仅在鳞片边缘有短柔毛，暗紫色。

叶片卵形，长 9～13 厘米，宽 5～6.5 厘米，先端渐尖，基部截形、圆形或带心形，边缘有锐利重锯齿，下面具白色绒毛，稀在幼嫩时上面沿中脉和侧脉疏生短柔毛；叶柄长 2～3.5 厘米，有绒毛；托叶膜质，线状披针形，先端渐尖，全缘，无毛或近于无毛。

伞形总状花序，有花 4～13 朵，花梗长 2～2.5 厘米，密被柔毛；萼筒钟状，外面密被柔毛；萼片三角形，先端急尖，全缘，长约 3 毫米，外面密被柔毛，内面无毛或微具柔毛，稍短于萼筒；花瓣卵形，长约 8 毫米，基部有短爪，白色；雄蕊 15～20，花丝长短不等，比花瓣稍短；花柱 3～5，基部无毛，较雄蕊稍长。

果实近球形，直径 1.5～2 厘米，红色，先端有杯状浅洼，萼片永存；果梗长约 3 厘米，有长柔毛。花期 6 月，果期 8 月[13]。

【分布范围】 产于云南西北部、四川西南部。

【生态习性】 生长于山谷沟边杂木林中，海拔 2000～3500 米。

西蜀海棠

【形态特征】 乔木，高达 10 米；小枝短粗，圆柱形，幼嫩时具柔毛，以后脱落，老时暗红色或紫褐色，有稀疏黄褐色皮孔；冬芽肥大，卵形，先端较钝，鳞片边缘具柔毛，紫褐色。

叶片卵形或椭圆形至长椭卵形，长 6～15 厘米，宽 3.5～7.5 厘米，先端渐尖，基部圆形，边缘有细密重锯齿，幼时上下两面被短柔毛，逐渐脱落，老时下面微具短柔毛或无毛，侧脉 8～10 对；叶柄长 1.5～3 厘米，微被柔毛或近于无毛；托叶膜质，线状披针形，先端渐尖，边缘有稀疏腺齿，长 1～1.3 厘米，无毛或近于无毛。

伞形总状花序，具花 5～12 朵；花梗长 1.5～3 厘米，有稀疏柔毛；苞片膜质，线状披针形，早落；花直径 1.5～2 厘米；萼筒钟状，幼时外面密被柔毛，逐渐脱落；萼片三角卵形，先端渐尖或尾状渐尖，全缘，长 4～5 毫米，外面近于无毛，内面密被绒毛，比萼筒稍长或等长；花瓣近圆形，直径 5～8 毫米，基部有短爪，白色；雄蕊 20，花丝长短不等，比花瓣稍短；花柱 5，稀 4，基部无毛，与雄蕊近等长。

果实卵形或近球形，直径 1～1.5 厘米，红色或黄色，有石细胞，萼片宿存；果梗长 2.5～3 厘米，无毛。花期 6 月，果期 8 月[13]。

【分布范围】 为中国特有植物，分布于四川西部、云南西北部。

【生态习性】 生长于山坡杂木林中，海拔1400～3500米。

变叶海棠

【形态特征】 灌木至小乔木，高3～6米；小枝圆柱形，嫩时具长柔毛，以后脱落，老时紫褐色或暗褐色，有稀疏褐色皮孔；冬芽卵形，先端急尖，外被柔毛，紫褐色。叶片形状变异很大，通常卵形至长椭圆形，长3～8厘米，宽1～5厘米，先端急尖，基部宽楔形或近心形，边缘有圆钝锯齿或紧贴锯齿，常具不规则3～5深裂，亦有不裂，上面有疏生柔毛，下面沿中脉及侧脉较密；叶柄长1～3厘米，具短柔毛；托叶披针形，先端渐尖，全缘，具疏生柔毛。

花3～6朵，近似伞形排列，花梗长1.8～2.5厘米，稍具长柔毛；苞片膜质，线形，内面具柔毛，早落；花直径约2～2.5厘米；萼筒钟状，外面有绒毛；萼片三角披针形或狭三角形，先端渐尖，全缘，长3～4毫米，外面有白色绒毛，内面较密；花瓣卵形或长椭倒卵形，长8～11毫米，宽6～7毫米，基部有短爪，表面有疏生柔毛或无毛，白色；雄蕊约20，花丝长短不等，长约花瓣之三分之二；花柱3，稀4～5，基部联合，无毛，较雄蕊稍短。果实倒卵形或长椭圆形，直径1～1.3厘米，黄色有红晕，无石细胞；萼片脱落；果梗长3～4厘米，无毛。花期4～5月，果期9月[13]。

【分布范围】 分布于甘肃东南部、四川西部、西藏东南部等地。

【生态习性】 生长于海拔2000～3000米的山坡丛林中。适生范围广、抗逆性强，既耐涝又耐旱、耐寒、耐盐碱，对土壤要求不严。

【主要价值】

观赏：变叶海棠是良好的生态树种，根系发达，抗逆性强，并且果实成熟后红果满树，有很高的观赏价值，是高原宽谷区美丽秋景的重要组成部分。该树种是中国甘孜州高海拔地区阳坡、半阳坡地带造林绿化的优良乡土树种之一。

药用：叶为藏药"俄色叶"。始载于《晶镜本草》，具有保肝利胆、除腻涤滞、攻坚化积的作用，常用于治疗消化不良、脘腹胀痛、肝疾。

花叶海棠

【形态特征】 灌木至小乔木，高可达8米；小枝细长，圆柱形，嫩时密被绒毛，老枝暗紫色或紫褐色；冬芽小，卵形，先端钝，密被绒毛，暗紫色，有数枚外露鳞片。叶片卵形至广卵形，长2.5～5厘米，宽2～4.5厘米，先端急尖，基部圆形至宽楔形，边缘有不整齐锯齿，通常具3～5不规则深裂，稀不裂，裂片长卵形至长椭圆形，先端急尖，上面被绒毛或近于无毛，下面密被绒毛；叶柄长1.5～3.5厘米，有窄叶翼，密被绒毛；托叶叶质，卵状披针形，先端急尖，全缘，被绒毛。

花序近伞形，具花3～6朵，花梗长1.5～2厘米，密被绒毛；苞片膜质，线状披针形，具毛，早落；花直径1～2厘米；萼筒钟状，密被绒毛；萼片三角卵形，先端圆钝或微尖，全缘，长约3毫米，内外两面均密被绒毛，比萼筒稍短；花瓣卵形，长8～10毫米，宽5～7毫米，基部有短爪，白色；雄蕊20～25。花丝长短不等，比花瓣稍短；花柱3～5，基部无毛，比雄蕊稍长或近等长。果实近球形，直径6～8毫米，萼片脱落，萼洼下陷；果梗长1.5～2厘米，外被绒毛。花期5月，果期9月[13]。

【分布范围】 分布于内蒙古、甘肃、宁夏、青海、陕西和四川等地。

【生态习性】 花叶海棠生长于海拔1500～3900米的山坡丛林中或黄土丘陵上。在长期极端干旱、高寒（土壤中的水分常成固态，植物不易吸收）的环境条件下，生长良好。即使在中国西北地区大多为盐碱土和荒漠土的环境下，都能较好地生长。

【主要价值】

观赏绿化：花叶海棠适应气候环境的能力较强，常生长在海拔2000多米的山坡上，多分布于中国西北地区一带，因而栽植在中国西北地区的城市中容易成活，常用来净化空气、改善气候、吸收污染、消除噪音。海棠花自古以来就深得人们喜爱，开的花娇艳欲滴，粉色和白色尤为花中的上品。花叶海棠喜温润的环境，栽植在阳光充足、降雨量大的地方，开出的花会更美丽，树叶也更加繁茂。

食用：花叶海棠叶常用于制茶。花叶海棠、变叶海棠叶是制藏茶的原料，西藏、青海、四川地区用其叶子制茶，可提神醒脑、生津止渴。

药用：花叶海棠嫩叶富含黄酮、多种维生素、氨基酸和矿物质元素，对高血压、高血脂、高血糖具有防治作用，还具有防癌效果。

丽江山荆子

【形态特征】 乔木，高8～10米，枝多下垂；小枝圆柱形，嫩时被长柔毛，逐渐脱落，深褐色，有稀疏皮孔。冬芽卵形，先端急尖，近于无毛或仅在鳞片边缘具短柔毛。叶片椭圆形、卵状椭圆形或长圆卵形，长6～12厘米，宽3.5～7厘米，先端渐尖，基部圆形或宽楔形，边缘有不等的紧贴细锯齿，上面中脉稍带柔毛，下面中脉、侧脉和细脉上均被短柔毛；叶柄长2～4厘米，有长柔毛；托叶膜质，披针形，早落。

近似伞形花序，具花 4～8 朵，花梗长 2～4 厘米，被柔毛；苞片膜质，披针形，早落；花直径 2.5～3 厘米；萼筒钟形，密被长柔毛；萼片三角披针形，先端急尖或渐尖，全缘，外面有稀疏柔毛或近于无毛，内面密被柔毛，比萼筒稍长或近于等长；花瓣倒卵形，长 1.2～1.5 厘米，宽 5～8 厘米，白色，基部有短爪；雄蕊 25，花丝长短不等，长不及花瓣之半；花柱 4～5。基部有长柔毛，柱头扁圆，比雄蕊稍长。果实卵形或近球形，直径 1～1.5 厘米，红色，萼片脱落很迟，萼洼微隆起；果梗长 2～4 厘米，有长柔毛。花期 5～6 月，果期 9 月[13]。

【分布范围】 分布于云南西北部、四川西南部和西藏东南部。不丹也有分布。

【生态习性】 生长于海拔 2400～3800 米的山谷杂木林中。喜光、抗寒，适生于排水良好的沙壤土中，对土壤肥力要求不高。

【主要价值】

观赏：丽江山荆子是很好的园林观赏树种。

食用：果能酿酒。

作砧木及其他：根系发达，生长快，与苹果、花红嫁接亲和力较强，是中国寒冷地区的主要砧木。木材可制作农具、家具及作为细木工用材。叶及树皮含鞣质，可提取栲胶。

新疆野苹果

【形态特征】 乔木，高达 2～10 米，稀 14 米；树冠宽阔，常有多数主干；小枝短粗，圆柱形，嫩时具短柔毛，二年生枝微屈曲，无毛，暗灰红色，具疏生长圆形皮孔；冬芽卵形，先端钝，外被长柔毛，鳞片边缘较密，暗红色。叶片卵形、宽椭圆形，稀倒卵形，长 6～11 厘米，宽 3～5.5 厘米，先端急尖，基部楔形，稀圆形，边缘具圆钝锯齿，幼叶下面密被长柔毛，老叶较少，浅绿色，上面沿叶脉有疏生柔毛，深绿色，侧脉 4～7 对，下面叶脉显著；叶柄长 1.2～3.5 厘米，具疏生柔毛；托叶膜质，披针形，边缘有白色柔毛，早落。

花序近伞形，具花3～6朵。花梗较粗，长约1.5厘米，密被白色绒毛；花直径约3～3.5厘米；萼筒钟状，外面密被绒毛；萼片宽披针形或三角披针形，先端渐尖，全缘，长约6毫米，两面均被绒毛，内面较密，萼片比萼筒稍长；花瓣倒卵形，长1.5～2厘米，基部有短爪，粉色，含苞未放时带玫瑰紫色；雄蕊20，花丝长短不等，长约花瓣之半；花柱5，基部密被白色绒毛，与雄蕊约等长或稍长于雄蕊。果实大，球形或扁球形，直径3～4.5厘米，稀7厘米，黄绿色有红晕，萼洼下陷，萼片宿存，反折；果梗长3.5～4厘米，微被柔毛。花期5月，果期8～10月。

【分布范围】 分布于新疆西部。中亚、西亚也有分布[13]。

【生态习性】 主要生长在山坡中、下部或山谷底部，及河谷地带。分布区的气候比较温暖、湿润，年平均温4.0～4.5℃，最高温31℃，最低温－25℃；年降水量300～600毫米。土壤为山地黑棕色森林土。新疆野苹果喜温暖、湿润气候，在年降水量500～600毫米的伊犁谷地中山地带下部或低山带上部阴坡、半阴坡或河谷地带，往往构成山地落叶阔叶林带。而在降水量仅有300毫米左右的准噶尔西部山地巴尔雷克山东端和阴坡、半阴坡或河谷地带，多呈块状或片状分布。喜光性强，不耐庇荫，在郁闭度超过0.7以上的密林内，林下幼苗很少，天然更新不良。

【主要价值】

食用：新疆野苹果味涩、甜，一般不宜鲜食，却可以加工成果丹皮、果酒、果酱和果汁等，味道鲜美，营养成分高，污染少，有益人体健康。加工制作简单。此外，新疆野苹果还可作青贮饲料。

新疆野苹果为古地中海区温带落叶林的残遗植物，以新疆野苹果为主形成了我国著名的天山原始落叶阔叶野果林区，属濒临灭绝的珍贵稀有种质资源。它对于揭示亚洲中部荒漠地区山地阔叶林的起源、植物区系变迁等有一定的科学价值。近年来，由于人为活动的干扰和病虫的危害，新疆野苹果自然种群数量和分布面积日益减少，目前总面积仅有15.2万亩（1亩＝666.7平方米），已处于濒危和灭绝的边缘。

山荆子

【形态特征】 乔木，高达10～14米，树冠广圆形，幼枝细弱，微屈曲，圆柱形，无毛，红褐色，老枝暗褐色；冬芽卵形，先端渐尖，鳞片边缘微具绒毛，红褐色。叶片椭圆形或卵形，长3～8厘米，宽2～3.5厘米，先端渐尖，稀尾状渐尖，基部楔形或圆形，边缘有细锐锯齿，嫩时稍有短柔毛或完全无毛；叶柄长2～5厘米，幼时有短柔毛及少数腺体，不久即全部脱落，无毛；托叶膜质，披针形，长约3毫米，全缘或有腺齿，早落。

伞形花序，具花4～6朵，无总梗，集生在小枝顶端，直径5～7厘米；花梗细长，1.5～4厘米，无毛；苞片膜质，线状披针形，边缘具有腺齿，无毛，早落；花直径3～3.5厘米；萼筒外面无毛；萼片披针形，先端渐尖，全缘，长5～7毫米，外面无毛，内面被绒毛，长于萼筒；花瓣倒卵形，长2～2.5厘米，先端圆钝，基部有短爪，白色；雄蕊15～20，长短不齐，约等于花瓣之半；花柱5或4，基部有长柔毛，较雄蕊长。

果实近球形，直径8～10毫米，红色或黄色，柄洼及萼洼稍微陷入，萼片脱落；果梗长3～4厘米。花期4～6月，果期9～10月。

【分布范围】 产于中国辽宁、吉林、黑龙江、内蒙古、河北、山西、山东、陕西、甘肃，蒙古、朝鲜、俄罗斯西伯利亚等地也有分布[13]。

【生态习性】 生于山坡杂木林中及山谷阴处灌木丛中，海拔50～1500米。喜光，耐寒性极强，有些类型能抗－50℃的低温。耐瘠薄，不耐盐，深根性，寿命长，多生长于花岗岩、片麻岩山地和淋溶褐土地带海拔800～2550米的山区。

【主要价值】

观赏：山荆子树冠优美，幼树树冠圆锥形，老时圆形。早春开放白色花朵，秋季结成小球形红黄色果实，经久不落，十分美丽，可作庭园观赏树种。

食用：山荆子是很好的蜜源植物；嫩叶可代茶饮用，还可作家畜饲料。果实可以酿酒。

作砧木：山荆子生长茂盛，根系深长，结果早而丰产，繁殖容易，耐寒力强，东北、华北各地用作苹果和花红等的砧木。山荆子大果型变种，是培育耐寒苹果品种的良好原始材料。

药用：果实入药，止泻痢，主痢疾。

此外，山荆子木材纹理通直、结构细致，可作木材，用于印刻雕版、细木工、工具把等。

锡金海棠

【形态特征】 落叶小乔木，高6～8米；小枝幼时被绒毛。叶卵形或卵状披针形，长5～7厘米，宽2～3厘米，先端渐尖，基部圆形或宽楔形，边缘有尖锐锯齿，上面无毛，下面被短绒毛，沿中脉及侧脉较密；叶柄长1～3.5厘米，幼时有绒毛，后逐渐脱落；托叶钻形，早落。花6～10朵成伞房花序，着生于枝顶，花梗长3.5～5厘米，初被绒毛，后渐落；花直径2.5～3厘米；萼筒椭圆形，萼片披针形，外面均被绒毛，逐渐脱落，花后萼片反折；花瓣白色，花蕾时外面粉红色，近圆形，有短爪，外被绒毛；雄蕊25～30；花柱5，基部合生，无毛。梨果倒卵状球形或梨形，直径10～18毫米，成熟时暗红色[16]。

【分布范围】 分布于云南丽江、维西、德钦，西藏察隅、波密、米林、亚东和定结等地。锡金、不丹和印度东北部也有分布。

【生态习性】 生于海拔 2500～3000 米亚高山或河谷针阔混交林内及疏林下。

【主要价值】

观赏：花大而美丽，树形美观，可作绿化和庭园观赏树种。同时，对植物区系和植物地理的研究也具有科学意义，被列为国家二级保护植物。

食用：果实可食用，也可制果干、果丹皮，或酿酒。

药用：中医认为，锡金海棠性味甘、酸、平，有健脾止泻、利尿、消渴、健胃等功能。在民间药方中，锡金海棠是治疗泌尿系统疾病的主药之一。

砧木：可作苹果及花红的砧木。

第二节 苹果属主要现代海棠品种介绍

宝石海棠

【形态特征】 树矮，分枝密，株高 3 米，冠幅 3.5 米；花开前为粉红色，完全开放后为白色，单瓣，小而密集，直径 2.6～3.5 厘米；

果实亮红色，直径1厘米；花期4月中下旬，果熟期8月，果宿存。美国人 Simpson 培育，北京植物园1990年引进[19]。

【生态习性】 喜光，耐寒，耐旱，忌水湿。

【主要价值】 观赏，树形矮小，有时成灌木状，适合孤植或在山石、水边栽植，果小繁密，晶莹可爱。观果期长，适合在我国北方庭院种植推广。

草莓果冻海棠

【形态特征】 树形杯形，株高7.5米，冠幅7.5米；新叶红色；花浅粉色，边缘有深粉色晕，单瓣，直径4～4.5厘米；果为黄色，带红晕，直径1厘米。花期4月中下旬，果熟期6月，果宿存。美国人 Flemmer 培育，此品种的亲本为原产于我国中部及中南部的湖北海棠与深红海棠，而深红海棠的亲本为垂丝海棠及三叶海棠[19]。北京植物园1990年引进。

【生态习性】 喜光，耐寒，耐旱，忌水湿。

【主要价值】 观赏，枝条抗病性强，果实繁茂，晶莹可爱，且经冬不落，观果期长，是冬季观果的绝佳品种。适合孤植或在山石、水边栽植。

道格海棠

【形态特征】 树形开展；株高10～12米，冠幅8～10米；花白色，单瓣，直径4.5～4.8厘米；果实亮红色，直径3.5厘米；花期早，4月中旬；果熟期6月下旬～7月下旬，落叶期11月下旬。1897年由美国南达科他州Hansen博士选育。曾于1923年作为授粉品种引入中国[19]。

【生态习性】 喜光，耐寒，耐旱，忌水湿。

【主要价值】 观赏，适合孤植或在草坪、庭院山石、水边栽植，果小繁密，晶莹可爱，观果期长。

粉芽海棠

【形态特征】 由加拿大W. L. Kerr选育。北京植物园1990年引

进。树形窄而向上，株高 4.5～6 米，冠幅 4 米。新叶红色，花堇粉色，单瓣。果实紫红色。花期 4 月中下旬，果熟期 7 月，果宿存[19]。

【生态习性】 喜光，耐寒，耐旱，忌水湿。

【主要价值】 观赏，此品种观果期长，抗寒，适合在我国北方推广。适合孤植或在山石、水边栽植，果小繁密，晶莹可爱。

丰花海棠

【形态特征】 乔木，荷兰人 Doonenbos 1938 年培育的一种杂交品种。亲本为雷蒙海棠及三叶海棠。北京植物园 2003 年引进。树形向上，开展，高可达 6 米，冠幅 6 米；新叶深灰色，逐渐变深绿色带紫晕；花蕾深红色，开花后深粉色，单瓣，花径 4～4.5 厘米，花繁多，异常美丽；结圆球形小果，直径 1.5 厘米，红色或紫红色，宿存，一直到冬季，是鸟类的美食[19]。

【生态习性】 喜光，耐热，耐寒性强，喜肥，耐瘠薄。

【主要价值】 抗性强，花茂，果繁，可作观赏、绿化树种。

凯尔斯海棠

【形态特征】 美国 Morden 树木园 1969 年培育，北京植物园于

1990 年引进。乔木，树形圆而开展，树高可达 6 米，冠幅可达 7.5 米；叶色独特，呈现银灰色；花重瓣粉红色，且开花繁密。花期 4 月中下旬。果紫红色，直径 2 厘米，果熟期 7 月，10 月大量落果[19]。

【生态习性】 喜光，不耐阴，耐寒耐热，喜温暖湿润环境。

【主要价值】 观赏，花重瓣，花大色艳，着花密集，果亦可观。但株形不规整，适宜与本种或其他现代海棠品种丛植、列植、片植。

绚丽海棠

【形态特征】 1958 年由美国明尼苏达大学培育，是霍巴海棠的实生后代。北京植物园 1990 年引进。乔木，树形较开展，树姿丰满美观；树高可达 6～7 米，冠幅可达 7 米；新叶红色，花深粉红色，单瓣，花期 4 月中下旬；果亮红色，灯笼形，果熟期 6～10 月，结果丰富，挂果可长达数月[19]。

【生态习性】 喜光，耐寒，抗病。

【主要价值】 观赏，花色艳丽，繁花满树，果实着色早，幼果深粉红色，成熟后转为洋红色，秋季落叶后红果满树。适宜片植，庭院孤植点缀或植于观光果园。园林中可点缀，或与其他海棠品种丛植、列植、片植。

王族海棠

【形态特征】 1958 年 Kerr 培育，是玫红杂种系列后代。北京植物园 1990 年引进。乔木，树枝峭立，卵圆形树冠；树高可达 6 米，冠幅可达 6 米；新叶红色，后转为紫色，花暗红近紫色，单瓣，花期 4 月中下旬；果深紫色，量少，直径 1.5 厘米，果熟期 6～10 月[19]。

【生态习性】 喜光，耐寒，忌水湿。

【主要价值】 观赏，此品种为观叶品种，为常年异色叶树种，叶色深紫，株形丰满，花色艳丽且繁花满树，是紫叶李的最佳替代树种，适宜作孤植树、行道树或植于道路分车带。

红丽海棠

【形态特征】 1948 年由美国 Bergeson 苗圃选育，北京植物园 1990

年引进。此品种是山荆子和苹果的杂交后代（*M. baccata* × *M. pumila*）。树形为开张的圆球状，株高 9～10 米，冠幅 7～8 米；新叶红色，后转橄榄绿色，秋叶 10～11 月转紫红色；花繁密，洋红色，花期 4 月中、下旬；果亮红色转橙色，直径 1.2 厘米，果量大。果熟期 8～10 月，经冬不落[19]。

【生态习性】 喜光，耐寒，抗性强。

【主要价值】 观赏，开花繁茂，秋冬季红果累累，是花果兼赏的优良品种，株形圆整，孤植作庭院点缀或与其他品种丛植、列植、片植。

雪球海棠

【观赏特征】 由 Colo 苗圃 1965 年培育。北京植物园 1990 年引进。树形圆整，株高可达 6～8 米，冠幅可达 6 米；花苞粉色，花开后为白色；果实亮橘红色，直径 1 厘米。花期 4 月中下旬，果熟期 8 月，果经冬宿存[19]。

【生态习性】 喜光，耐寒，忌水湿。

【主要价值】 观赏，开花繁茂，秋冬季红果累累，是花果兼赏的优良品种，树形圆整，适合孤植作庭院点缀或列植作行道树。

红玉海棠

【形态特征】 美国布鲁科林植物园1953年培育，亲本为多花海棠和楸子。北京植物园1990年引进。树形为垂枝形，株高3.5米，冠幅3.5米，小枝下垂；花白浅粉色至白色；果亮红色，直径1.2厘米。花期4月中、下旬，果熟期7月；果宿存，经冬不落[19]。

【生态习性】 喜光，耐寒，忌水湿。

【主要价值】 观赏，枝条下垂，春天白花满树，秋冬季红果累累，是花果兼赏的优良品种，树形矮小，有时作灌木状，可与其他高大品种搭配。

钻石海棠

【形态特征】 由明尼苏达大学1945年培育。北京植物园1990年

引进。小乔木，树形开展，株高 4.5 米，冠幅 6 米。新叶紫红色；花玫瑰红色；果实深红色，直径 1 厘米，果量大。花期 4 月中、下旬，花开繁密而艳丽。果熟期 6～10 月[19]。

【生态习性】 喜光，耐寒，忌水湿。

【主要价值】 观赏，开花繁茂，花色艳丽，秋冬季红果累累，是花果兼赏的优良品种，可孤植作庭院点缀，或与其他现代海棠品种丛植、列植、片植。

亚当海棠

【形态特征】 此品种为美国 1947 年培育。乔木，树形直立，株高可达 8 米，冠幅可达 7 米，树形成杯状。新叶带红晕，秋叶橘黄或橘红色；花深红色单瓣，花期 4 月中下旬；果洋红色至枣红色，果径 1.5～2 厘米，果量大，经冬不落[19]。

【生态习性】 喜光，耐寒耐旱，忌水湿。

【主要价值】 观赏，开花繁茂，花色艳丽，秋冬季红果累累，是花果兼赏的优良树种，可孤植作庭院点缀，或与其他海棠品种丛植、列植、片植。

鲁道夫海棠

【形态特征】 加拿大 Skinner 1954 年培育，北京植物园 2000 年引进。枝干峭立，株高 6 米，冠幅 5 米。新叶紫红色；花玫瑰红色；果实橘黄色或橘红色，果量大。花期 4 月中下旬，果熟期 6～10 月[19]。

【生态习性】 喜光，耐寒，忌水湿。

【主要价值】 观赏，开花繁茂，花色艳丽，红果累累，是花果兼赏的优良品种，可孤植作庭院点缀，或与其他现代海棠品种丛植、列植、片植。

高原之火海棠

【形态特征】 由美国或加拿大从自然杂交海棠中选育而成，后引入我国。树形幼时直立，成熟后圆形，株高 6 米，冠幅 6～7 米；新叶红色，秋叶酒红色；花深红色；果深红色，直径 1～1.2 厘米。花期 4 月下旬，果熟期 7～8 月，果宿存，经冬不落[20]。

【生态习性】 为喜阳树种，不耐阴，忌水湿，极耐寒，可耐－15℃，在中性及微碱性土壤上均能生长良好。

【主要价值】 观赏，北美海棠“高原之火”叶、花、果色彩十分艳丽，观赏期可持续整年，是观赏价值较高的园林植物。开花时繁花满树，秋冬红果累累，是很好的观花观果树种。可孤植庭院点缀，或与其他海棠品种丛植、列植、片植。

印第安魔力海棠

【形态特征】 Simpson培育。北京植物园2003引进。树形幼时直立，成熟后圆形，株高6米，冠幅6～7米；新叶红色，成熟叶片亮绿色，秋季叶片转为红色后脱落；伞状花序，花蕾浓红色，花色前期为玫红色，后期淡粉色；果深红色，直径1～1.2厘米。花期4月下旬，果熟期7～8月，果宿存，经冬不落[19]。

【生态习性】 喜光，耐寒耐热。

【主要价值】 观赏，开花时繁花满树，秋冬红果累累，是很好的观花观果树种。可孤植庭院点缀，或种植于绿岛，与其他海棠品种丛植、列植、片植。

火焰海棠

【形态特征】 美国明尼苏达大学1920年培育。北京植物园1990年引进。树形向上，株高4.5～6米，冠幅4～5米，条件适合可长至7～8米，树皮黄绿色；花白色，半重瓣，直径4厘米；果实深红色，含糖量高，可食用，直径2厘米，秋末脱落；花期4月中下旬；果熟期8月[19]。

【生态习性】 极耐旱耐寒。

【主要价值】 观赏，开花时繁花满树，秋季红果累累，是很好的观花观果树种。可孤植庭院点缀，或作小区观花行道树，与其他深色品种丛植亦佳。

罗宾逊海棠

【形态特征】 加拿大 Skinner 1954 年培育，北京植物园 2000 年引进。树形向上，树冠球形，株高 8 米，冠幅 8 米；新叶酱红色，秋色叶铜红至橘红色，11 月落叶；花深粉至紫红色；果实玫红色，可宿存至冬；花期 4 月中下旬；果熟期 8 月[19]。

【生态习性】 耐寒，抗火疫病。

【主要价值】 观赏，开花时繁花满树，秋冬季红果累累，是很好的观花观果树种。可孤植庭院开阔地点缀，或作小区观花行道树，与其他海棠品种配植亦佳。

红巴伦海棠

【形态特征】 树形向上，株高 4～5 米，冠幅 2 米；小枝紫红色，微有短柔毛；叶宽卵圆形，先端短尖，基部圆形，边缘钝锯齿，沿侧脉有皱纹，背面沿脉被较密短柔毛。新叶紫红色，秋色橙色或黄色，

11月中下旬落叶；盛花期花玫红色，单花具花瓣5枚，匙状圆形、匙状椭圆形，先端钝圆，两面粉红色，内面基部主脉白色隆起，具白色爪，边缘内曲；雄蕊花丝紫红色；萼片长三角形，红绿色，无毛，反卷；果实玫红色，宿存至来年春天；花期4月中下旬；果熟期8月[21]。

【生态习性】 耐寒。

【主要价值】 观赏，开花时繁花满树，秋冬季红果累累，是很好的观花观果树种。可植于狭窄角隅，与其他海棠品种配植亦佳。

春雪海棠

【形态特征】 落叶高大乔木，树高可达7～9米，冠幅3～4米，直立，圆而紧凑，树干灰色。小枝灰褐色。叶片椭圆形，先端短尖，基部圆形，边缘具波状齿；夏季健康翠绿，秋天呈亮黄或柠檬黄。花期4月上中旬，粉蕾白花，冰清玉洁，芳香浓郁，花量丰盛，花径3.5厘米，花瓣匙状椭圆形，先端内曲，基部具爪，主脉显著凸起，边缘微波状，花梗绿色，被短柔毛[22]。

【生态习性】 适应性强，极抗病。

【主要价值】 观赏，开花时繁花满树，无果，维护简单。适合铺装路面边缘或在楼宇前栽植，作小区行道树亦佳。

高峰海棠

【形态特征】 此品种曾获得英国皇家园艺协会2002年金奖。北京植物园2001年引种。小乔木，树形圆锥形，高可达7米，冠幅6米；花苞粉色，开后白色，果橘黄色至红色，九月成熟，结果多。成熟期3～5年，盛花期4～70年，采种日期8月下旬[19]。

【生态习性】 喜光，耐热，耐寒性强，喜肥，耐瘠薄。

【主要价值】 观赏，适合在我国北方庭院中种植。

霍巴海棠

【形态特征】 由Hansen于1920年培育，亲本为山荆子和红肉海棠，是最早的玫红杂种之一。北京植物园1990年引进。树形幼时向上，成熟后开展，株高6～7.5米，冠幅7.5米；花玫瑰红色；果亮红色，直径2厘米；花期4月中下旬；果熟期7月，果宿存[19]。

【生长习性】 喜光，耐寒，耐旱，忌水湿。

【主要价值】 观赏，耐寒，树体高大，适合作背景树，是现代观赏海棠在北京表现最好的品种之一，非常适合我国北方干燥的环境。可孤植或在山石、水边栽植，果小繁密，晶莹可爱，观果期长。

塞尔科海棠

【形态特征】 高大落叶乔木，株高可达6～7米，枝条开张，树冠椭圆形，树干淡紫红色。枝条红褐色，有细绒毛。叶片椭圆形，先端渐尖，基部楔形，具钝锯齿；新叶红色，成熟叶浓绿，有光泽。花期4月中下旬，花蕾紫粉色，花粉色。7月果实成熟，红色，具光泽，如挂釉瓷珠一般，果径2～3厘米，10月份落实陆续脱落[22]。

【生长习性】 抗寒、耐瘠薄。

【主要价值】 观赏。抗性强，观赏性好，适合我国多地栽培。

雷蒙海棠

【形态特征】 法国1922年培育的栽培品种，亲本为红肉海棠和深红海棠。北京植物园2001年引进。小乔木，树形向上，开展，株高5.5米，冠幅5.5米；新叶紫色，老叶紫绿色；花蕾深红色，开后红色，花单瓣至半重瓣，直径4～4.5厘米；果深红色，直径约1.8厘米。花期4月中下旬。果熟期7月[19]。

【生长习性】 喜光，耐热，耐寒性强，喜肥，耐瘠薄，抗病能力强。

【主要价值】 观赏。3～5年开花，盛花期可达70年。适合我国北方栽培。

李斯特海棠

【形态特征】 落叶乔木，树高5～7米，冠幅2～3米，树形紧凑直立圆形，长势中等，树干紫红色。小枝紫红色，无毛。叶椭圆形，沿主脉被短柔毛，先端渐尖，基部楔形，边缘钝锯齿；叶柄无毛、有紫红色晕，新叶亮红鲜艳，成熟叶深绿庄重。花期 4 月中下旬，花蕾深洋红色，花玫瑰红至鲜亮酒红色，淡香味，花杯状；花瓣 5 枚，外暗红色，内淡粉色，边缘卷曲微上翘翻卷，匙状椭圆形，先端钝圆，基部具爪。果实球形，幼果紫色，入夏后转为紫红色，后期深红色，果径 1.5～2 厘米，果量适中，宿存至初冬，易被鸟啄食[22]。

【生长习性】 喜光，长势慢，抗性强。

【主要价值】 观赏，园林绿化，适合我国北方栽培。

马卡海棠

【形态特征】 加拿大 Preston 1933 年培育的海棠栽培品种，以‘Makamik’湖命名。北京植物园 2001 年引种。小乔木，树冠向上，圆形。叶片棕绿到深绿色。花蕾深红色，花开时紫红色，后期色浅，单瓣，直径 4～4.5 厘米。花期 4 月中、下旬。果红色，直径在 1.9～2.5 厘米，果熟期 7 月[19]。

【生长习性】 喜光，耐热，耐寒性强，喜肥，耐瘠薄。

【主要价值】 观赏。抗病性强，是值得推荐的玫红杂种品种，但果实大，易落，不适合近观，适合在开阔地作背景树，尤其是花开时分，非常醒目。适合在我国北方栽培。

印第安夏天海棠

【形态特征】 北京植物园 2002 年引种。大乔木，树开张形，枝条稀疏，无刺状短枝。冬芽卵形，先端急尖，紫褐色，边缘具有细小绒毛。树皮灰棕色，光滑，枝干棕红色；新叶赤褐色，密被细小绒毛；成熟叶片深绿色，叶柄红色；叶长 6.98 厘米，叶宽 4.16 厘米，叶柄长 2.12 厘米，阔椭圆形，叶基圆形，有托叶；伞状花序，花蕾红色，每花序花朵 5～9，开放后深粉色；果实深红色，果肉黄色；果萼脱落，无棱起，有果点，表面较光滑；宿存[23]。

【生长习性】 耐寒、耐旱，土壤及环境适应性强。

【主要价值】 观赏。抗病虫害能力很强，是现代海棠品种中抗性强、综合性状优良的品种。适合我国多地栽培。

霹雳贝贝海棠

【形态特征】 小乔木，株高5～7米，树形由开展型到紧凑型、垂枝型。树干颜色为新干紫红色，有光泽，树干面密被白色长绒毛。叶片长椭圆形，彩叶，长5～12厘米，宽2～6厘米，先端急尖或渐尖，基部楔形，稀近圆形，边缘有尖锐锯齿，叶片明亮，春芽3月萌发，嫩叶紫红色，叶柄长2～3.5厘米，6月慢慢成长为五颜六色，渐转紫红。花期4月，花色彩鲜艳，紫红和桃红两种颜色，重瓣，花瓣多达28～40枚，有香气，花大，直径5～6厘米，形似牡丹。果实大，挂果可至雪降，极具观赏和食用价值。树、叶、花、果均具有观赏性[24]。

【生长习性】 抗性强、耐瘠薄，耐寒性强，性喜阳光，耐干旱，耐高温，忌渍水。

【主要价值】 观赏。耐干旱，在干燥地带生长良好，容易管理，适合我国多地栽培。

路易莎海棠

【形态特征】 美国Pally Hill 1962培育。树形高大美观，整齐有序，呈伞形，枝条自然下垂，密集飘逸，高可达4.5米，冠幅4.5米，是独特的粉红花垂枝品种；叶深绿色，有光泽；4月上旬盛花，花蕾玫红色，花开后纯粉色，单瓣，密集，有芳香，直径3.5～4厘米，花期长；果黄色，橄榄形，直径1厘米[19]。

【生长习性】 耐寒，适应性强，抗病能力强。

【主要价值】 观赏。生长状态良好，冬季枝条飘逸，适于作垂枝观赏树，也适合栽植于绿岛、圆形花坛中央。

伊索海棠

【形态特征】 美国人 Van Eseltine 1930 年培育，亲本为阿诺德海棠和海棠花。北京植物园 2000 年引进。小乔木，树形矮小，窄而向上，株高 4.5 米，冠幅 3 米。花蕾深粉色，花开后粉色，花瓣 13～19 瓣，单瓣，直径 4～4.5 厘米。果实黄色带红晕，直径 1.8 厘米，果熟期 7 月，早落[19]。

【生长习性】 喜光，耐热，耐寒性强，喜肥，耐瘠薄。

【主要价值】 观赏。生长慢，3～5 年开花，盛花期 4～70 年，花丰满鲜艳，但残花不落，果实观赏价值不高，是培养重瓣花海棠品种很好的亲本。适合我国北方栽培。

红哨兵海棠

【形态特征】 北京植物园 2001 年引种。小乔木，树形圆锥形，高可达 7 米。花蕾粉色，花开后白色，单瓣，直径 4～4.5 厘米。果实圆，深红色，直径 2.5 厘米，宿存。果熟期 8 月[19]。

【生长习性】 喜光，耐热，耐寒性强，喜肥，耐瘠薄。

【主要价值】 观赏。春天满树白花，秋冬红果挂满枝头。适合我国北方栽培。

当娜海棠

【形态特征】 乔木，高度 7 米，冠幅 8 米左右；幼树直立，随着年龄增长，树形逐渐为圆形，成树冠圆，丰满；花蕾粉红色，花朵开放后白色，花期 4～5 月。坐果后果实挂满全树，果实个小，红色，近球形，果熟期 8～9 月份。秋天满树紫枝，橙红色叶，满枝红果，非常美观[24]。

【生长习性】 抗寒、耐热性能俱佳。

【主要价值】 观赏。当娜海棠会有绿色、橙黄色、柠檬黄三种颜色同时出现在一棵树上的绝美景观，冬季可在树上宿存至完全干枯，花多果密是其重要的观赏特点，是庭院绿化中难得的优良品种；谢花后珍珠般果实挂在枝头，宿存至一月份，因此也是最主要的冬季观赏品种。

撒氏海棠

【形态特征】 原种原产日本。北京植物园 1990 年引种。树形矮，

株高 1.8～2.5 米，冠幅 3.5 米。花蕾粉色，开后白色，单瓣，直径 3～3.5 厘米。果深红色，直径 0.6 厘米。花期 4 月中下旬，果熟期 8 月，果宿存[19]。

【生长习性】 喜光，耐寒，耐旱，忌水湿。

【主要价值】 观赏。树形矮小，花期略晚于其他品种，可作为培育晚花及矮生品种的育种材料，也适宜于岩石园及专类园中，非常适合我国北方干燥的环境。适合孤植或在山石、水边栽植，果小繁密，晶莹可爱，观果期长。

斯普伦格教授海棠

【形态特征】 此品种由荷兰人 Doonenbos 培育，名称为纪念荷兰瓦格尼根大学园艺系主任 Sprenger 教授，亲本之一为三叶海棠。北京植物园 2001 年引种。小乔木，树形向上，开展，高 6 米，冠幅 6 米。叶深绿色。花蕾深粉色，花开后白色，单瓣，直径 3.5～4 厘米，香气浓。果橘黄色到橘红色，直径 1 厘米，果熟期 8 月，果宿存[19]。

【生长习性】 喜光，耐热，耐寒性强，喜肥，耐瘠薄。

【主要价值】 观赏。抗病虫害能力强，果实鸟不食。适合我国北方栽培。

红 裂 海 棠

【形态特征】 美国人 Henry Ross 1968 年从三叶海棠开放式授粉的实生苗中选育，是少见的八倍体品种。北京植物园 2003 年引种。小乔木，树形紧密，圆形，生长慢，株高 4.5 米，冠幅 4.5 米。花半重瓣，未开时红色，开后粉色。果少，橘红色，果熟期 8 月[19]。

【生长习性】 喜光耐热，耐寒性强，喜肥耐瘠薄。

【主要价值】 观赏。生长慢，株形优雅，适合我国北方栽培。

塞山海棠

【形态特征】 美国Morten树木园1962年培育，亲本为山荆子和红肉苹果。北京植物园2003年引种。小乔木，树形圆，高6米，冠幅5米；新叶亮绿色，有红晕，老叶铜绿色，叶色醒目诱人。花期4月中下旬，花蕾玫瑰红色，花开后深粉色，单瓣，直径5～5.5厘米，有香味。果实光滑，亮红色，形如樱桃，直径1.9厘米。果着色期早，果熟期8月，挂果期到10月[19]。

【生长习性】 喜光，耐热，耐寒性强，喜肥，耐瘠薄。

【主要价值】 观赏。适合我国北方栽培。

珠穆朗玛海棠

【形态特征】 小乔木，高4～6米。树冠金字塔形，成年株树体开张。叶卵圆形，叶片暗绿色，有时三裂，叶柄深红色。花白色，略带粉红色，直径3～3.5厘米。每序5花，萼翻卷，密被毛，花瓣5数，椭圆形，花柱5。果实轻微不规则扁球形，花萼通常宿存。果实直径2.3厘米。向阳侧成亮红色，背阴侧橘红色。果实较大如盏盏红灯笼，具有较高观赏价值。花期4月，果熟期8月。实生苗3～4年后开花结实，结实有大小年，周期一般2～3年[25]。

【生长习性】 喜光照，较耐寒耐旱，适生于疏松肥沃、排水较好的土壤。

【主要价值】 观赏，园林绿化。适合我国多地栽培。

艾丽海棠

【形态特征】 英国人Eley于1920年培育。北京植物园2003年引种。大灌木或小乔木，树形向上，优雅而开展，高可达4～6米，冠幅5

米。叶棕红色。花深紫色，单瓣，直径 4～4.5 厘米。果实椭圆形，紫红色，宿存至 11 月。花期 4 月，果熟期 8 月。实生苗 3～5 年后开花结实[19]。

【生长习性】 喜光，耐热，耐寒性强，喜肥，耐瘠薄。

【主要价值】 观赏。叶、花、果鲜艳美丽，整体观赏期长，适合我国北方庭院及各种绿地种植。

阿达克海棠

【形态特征】 华盛顿植物园 Dr. Egolf 1987 年从 500 株开放式授粉的垂丝海棠品种‘Koehne’实生苗中选育出此品种，并曾获 2002 年度美国宾州园艺协会金奖。北京植物园 2001 年引种。树形向上，柱形或倒卵形，高 3.5 米，冠幅 2 米。叶革质，深绿色。花蕾深红色，花开后白色带红晕，单瓣，直径 4～4.5 厘米。果实近球形，红色至橘红色，宽 1.2～1.5 厘米，长 1.5～1.8 厘米，果熟期 7 月，宿存到 12 月[19]。

【生长习性】 喜光，耐热，耐寒性强，喜肥，耐瘠薄。

【主要价值】 观赏。株型小而优雅，观果期长，抗病虫害，适合我国北方小庭院及建筑前种植。

粉屋顶海棠

【形态特征】 树冠杯状，冠幅窄小、高挑直立。株高 4.5～7 米，冠幅 4 米。树干深粉红色，入冬后随着气候变冷，颜色变得越来越红。新叶红色，以后转为紫红色，秋叶呈现偏红的铜绿色。叶椭圆形至卵圆形，锯齿浅，先端渐尖。4 月上旬开花，花大，花期持续时间长，单瓣，直径可达 5 厘米，花蕾倒卵形，深玫红色，逐渐变浅。果实紫红色，球形，直径 1.2 厘米，果熟期 7 月[24]。

【生长习性】 喜光，耐热，耐寒性强，喜肥，耐瘠薄。

【主要价值】 观赏。开花早、花大，可谓花世界的前奏曲。

珊瑚礁海棠

【形态特征】 高接品种，树形精致，富有雕塑性，成树高2.5～3米，冠幅3～4米。树冠圆而紧凑，叶片小，暗绿色。花粉色，半重瓣，花期4月中旬。果实橙色，淡雅不艳丽，果径1厘米[24]。

【生长习性】 枝条节间极短，抗性较强，可适应各种环境。

【主要价值】 观赏。适于种植在精致园林或庭院，亦可盆栽。

金峰海棠

【形态特征】 英国1949年培育，为三叶海棠的实生后代。北京植物园2000年引种。树形向上，株高4.5米，冠幅4.5米，盛果期挂果多，枝条下坠。花白色，单瓣，直径4～4.5厘米。果实黄色，直径2厘米。花期4月中下旬，果熟期7月，果多，可宿存到11月[19]。

【生长习性】 抗性强，病虫害少，适应范围广泛。

【主要价值】 观赏。适于种植在精致园林或庭院，亦可盆栽。也是很好的苹果授粉树。适合在我国北方栽培。

丽丝海棠

【形态特征】 Doonenbos 1938年培育，亲本为雷蒙海棠和三叶海

棠。北京植物园2001年引种。树冠圆形，高可达7米，冠幅6米。叶带深紫晕，秋色叶橙红色。花芽鲜红色，花开后玫瑰红色，单瓣，直径3.8～4.5厘米。果实洋红色，秋天非常醒目，直径1.2厘米[19]。

【生长习性】 抗性强，适应范围广泛。

【主要价值】 观赏。春花、冬果、秋叶都具有非常强的观赏性，适合我国北方栽培。

丰盛海棠

【形态特征】 小乔木。树形为直立的椭圆冠。株高可达13米，冠幅9～10米。花深粉色，花量大，花期4月中旬。叶片铜绿色，秋季柠檬黄。果实深红色，宿存至次年3月[24]。

【生长习性】 长势较快，喜光，抗性强。

【主要价值】 优良的绿化、观赏树种。花、叶都具有良好的观赏性，5～6月是鲜叶最佳观赏期。叶梢鲜亮美丽。新叶为颜色逐渐变化的彩色叶片，阳光下鲜艳靓丽，莹润柔和，观赏性不亚于花。

紫色王子海棠

【形态特征】 也称海棠紫色王子，乔木。树形整齐。叶片初紫红色，成熟绿色。新叶紫红色渐变绿色，长椭圆形，锯齿浅，先端急尖。花期4月，花紫红色，繁密。果熟期6～10月，果实较大，紫红色，球形，直径约3厘米。实生苗3～4年后开花结实，结实有大小年，周期一般2～3年[26]。

【生长习性】 喜光照，较耐寒耐旱，适生于疏松肥沃、排水较好的土壤。

【主要价值】　观赏。枝条、叶子、果实外有蜡质层，油亮光滑，十分别致。枝条油光紫色，可见稀疏白点，果实为深红色，虽小但数量丰富，可以挂果几个月，是不可多得的综合观赏树种之一。紫色王子海棠结合了忧郁的紫色和王室的高贵，每年开花极为繁茂，花色艳丽，且非常适合我国干燥的北方环境。

红宝石海棠

【形态特征】　小乔木，高 3 米，冠幅 3.5 米；树干及主枝直立，小枝纤细，树皮棕红色，树皮块状剥落。叶长椭圆形，锯齿尖，先端渐尖，密被柔毛，新生叶鲜红色，叶面光滑细腻，润泽鲜亮，28～35 天后由红变绿，新叶与成熟叶红绿交织，观赏性强。花期 4 月中下旬，伞形总状花序，花蕾粉红色，花瓣呈粉红色至玫瑰红色，多为 5 片以上，半重瓣或重瓣，花瓣较小，初开皱缩，直径 3 厘米。果熟期为 8 月，果实亮红色，直径 0.75 厘米，宿存。

【生长习性】　适应性很强。耐瘠薄，在荒山薄地的沙壤土上也能生长良好。耐轻度盐碱，在 pH 值 8.5 以下，生长旺盛。耐寒冷，最低温达到－35.7℃时未出现冻害。耐修剪，易修剪整形。

【主要价值】　观赏。红宝石海棠是叶、花、果、枝与树形同观共赏的优良彩色绿化树种。具有“叶红、花红、果红、枝红”的特点，花、果、枝、叶在生长期中均表现出红宝石颜色。春季红色的枝条发芽后，其嫩芽嫩叶血红，花朵粉红色；夏季坐果后鲜红的果实挂满全树；秋季果实成熟，紫红满株、果酸甜适口；冬季，枝条鲜红悦目，四季皆可观赏。该品种树形矮小，果实小巧，玲珑可爱，挂果量大，如宝石般点缀于枝头，固名红宝石，果实宿存，观果期较长，花谢后果实仍挂在枝头，可至雪降，观赏价值高[27]。

是公园、庭院、街道绿化的优良树种，也常在庭院门旁或亭、廊两侧种植，还是草地、假山、湖石配置材料，不仅长势好，而且景观靓丽。

白兰地海棠

【形态特征】 树形直立，树形较开展，树姿丰满美观，高可达 7 米，冠幅也可达 7 米，树皮光滑，主干和枝干浅灰色。树叶密布，树叶是现代海棠品种中最大者之一，大如成人手掌，顶部叶修长，浅褐色，下部叶长椭圆形，深绿色。花冠硕大，直径 6～8 厘米，复瓣，花柄较长，花色鲜粉红，后期花瓣的颜色渐渐变淡，接近于白色。果实大，如小苹果，黄绿色；花期较晚[23]。

【生长习性】 抗病虫害能力强。耐寒，喜光，耐干旱，忌渍水。冬季进入半休眠状态。

【主要价值】 观赏。为观花、观叶、观果品种，树干也很美。白兰地海棠叶片大，花量大，具有别致的观赏性。但盆栽时要注意保暖，防冻伤。最好在霜冻之前将盆株移至室内有阳光的地方或者大棚中。

金丰收海棠

【形态特征】 小乔木，树高 4.5～6 米。叶羽状浅裂，幼叶亮绿色，成叶绿色，纸质。花量大，花蕾粉红色，花单瓣，盛花期外侧白色。果实近圆形，黄色，晚熟，观果期 11～12 月[23]。

【生长习性】 适应性极强，抗病虫能力强。

【主要价值】 观赏。花量、果量均极大，观赏效果极佳，适用于园林美化及庭园栽植。

美果朱眉海棠

【形态特征】 小乔木，是珠美海棠的一个变种。树高 4～7 米；花蕾粉红色，开放后，花白色，5 瓣，密集。果圆球形，果皮亮红色，果量极大，直径小于 1.3 厘米，红色。花期 4 月上中旬。观果期 10～11 月[23]。

【生长习性】 抗逆性强，需要排水良好的土壤和充足的阳光。

【主要价值】 观赏。是可观花、观叶、观果、观枝的优秀绿化品种。更适宜种植于庭院或道旁，孤赏。

多花海棠

【形态特征】 乔木，枝条繁茂，高可达 10 米，冠幅 10 米。观赏期很长。优雅的拱形分枝上生长着深绿色的叶片。花蕾粉红色，花朵浅粉色，花瓣有粉色晕，单瓣，直径 4 厘米，绽放时能够营造出壮丽的景观。果实黄色至红色，直径 1 厘米，常宿存于枝头，引来野生动物觅食，增添冬季生机[5]。

【生长习性】 喜光，耐热，耐寒性强，喜肥，耐瘠薄。

【主要价值】 观赏。树大、花多，可观花观果。

灰姑娘海棠

【形态特征】 小乔木，高 2～2.5 米，树形开张型，有刺状枝。冬

芽卵形，先端钝，红褐色，先端具有细小绒毛。树皮红棕色，光滑，枝干灰绿色。新叶绿色，无毛；成熟叶片浅绿色，叶柄绿色。花较小，花瓣卵形，花蕾红色，花朵白色，单瓣，花期 4 月；果实亮黄色，较小，球形[23]。

【生长习性】 喜光照，耐干旱，抗病。

【主要价值】 观赏。植株矮小，可盆栽。

科里海棠

【形态特征】 小乔木，树高 1.5～2 米，树形直立，有刺状枝。冬芽卵形，尖端钝，红色，密被细小绒毛。树皮深灰色，光滑，枝干灰色；新叶红绿色，无绒毛；成熟叶片绿色，叶柄紫绿色，叶片脱落前转为橘黄色脱落；伞状花序，花蕾深粉色，每花序花朵 3～5 朵，开放后浅粉白色，重瓣，中杯形，花直径 4.1 厘米；花瓣阔椭圆形，平展，脉不突出，重叠排列；花丝粉白色，花药黄色，花柱深粉色，雄蕊 29 个；果实黄色，果肉白色；果萼宿存，反卷；有棱起，无果点，表面较光滑；果实不宿存[23]。

【生长习性】 喜光照，耐干旱，抗病，耐热，耐寒性强，喜肥，耐瘠薄。

【主要价值】 观赏，园林绿化。

薄荷糖海棠

【形态特征】 小乔木，高 1.5～3 米，冠幅 1.5 米，树形平展型，无刺状枝。树皮红褐色，光滑，枝干灰棕色。枝条水平生长，冠幅大于株高。新叶红绿色，具有细小绒毛；成熟叶片深红绿色，具有花青素着色，叶柄紫红色。花蕾深红色，花粉色，边缘深粉色，花期 4 月，花量大。果实深红色，果肉红色；果萼脱落；果实较小，有棱起，无果点，表面较光滑[23]。

【生长习性】 喜光，抗病性强。

【主要价值】 观赏，园林绿化。

紫雨滴海棠

【形态特征】 落叶小乔木，树高 1～1.5 米，树形柱形，稀疏，

整个植株偏红色，有刺状枝；树形直立，树冠呈圆形，枝条略显暗紫红色，叶片椭圆形。每年4月上旬始花，花蕾暗黑红色，盛开后逐渐转为暗红色至深紫红色：花瓣约6～10数，排成两轮，花梗直立，花径5厘米，花萼筒紫黑色，光滑，萼齿细长，内被稀毛。果实亮紫色，果肉红色；果萼脱落；有蜡质，无果点，表面光滑[23]。

【生长习性】 喜光，耐热，耐寒性强，喜肥，耐瘠薄。

【园林用途】 观赏，园林绿化。在春、夏、秋三季其叶色始终以橘红色为基调深浅变化，叶片上有金属般的光亮。整个树给人以光彩四溢的感觉，具有鲜明的贵族气质，每至秋天如雨点一般硕果累累，故又名皇家雨点。果萼宿存，是最具观赏价值的紫叶品种。

第三节

木瓜属主要海棠品种介绍

皱皮木瓜

【形态特征】 别名，贴梗海棠、贴梗木瓜、铁角梨。我国有非常

长的栽培历史。落叶灌木，高约 2 米。枝有刺。小枝无毛，紫褐色或黑褐色。叶片卵形至椭圆形，少数长椭圆形，长 3～9 厘米，宽 1.5～5 厘米，边缘有尖锐锯齿，齿尖开展，无毛或下面沿叶脉有短柔毛。叶柄长约 1 厘米。托叶大，肾形或半圆形，有重锯齿。花先叶开放，3～5 朵簇生于二年生枝上。花梗短粗，长约 3 毫米或近无梗。花淡红色或近白色，直径 3～5 厘米。萼筒钟状，外面无毛。雄蕊 45～50。花柱 5，基部合生，无毛。梨果球形或卵形，直径 3～6 厘米，长约 8 厘米，黄色或带黄绿色，种子少数，干后果皮皱缩。花期 3～5 月，果期 6～10 月[13]。

【分布范围】 分布于湖北、湖南、安徽、浙江、重庆、四川、陕西、甘肃、河南、河北、山东、山西、贵州、云南等地，全国各地均有栽培。主要培育基地有湖北长阳、安徽宣城、浙江淳安、重庆黔江等地。

【生长习性】 喜温暖湿润气候，要求阳光充足、雨量充沛。自然分布在海拔 205～1600 米的地区，集中在 800～1200 米。能耐 38℃的高温和－15℃的严寒，温度低于 0℃时停止生长，0℃以上时生长随温度的增高而加快，20～32℃时，生长最快，如温度再增高，呼吸作用加强，光合作用减弱，生长趋于停止。抗性强，耐寒，耐旱，耐半阴。对土壤要求不严，适合在肥沃、有机质丰富的山地黄棕壤、棕壤土种植。以疏松、深厚、排水良好的沙壤土为好，低洼积水、荫蔽处不宜种植。

【主要价值】

观赏：为观花、观树、观果优良品种。贴梗海棠的花色多样，有朱红、桃红、月白等颜色，还有一些品种的颜色粉白相间，花瓣光洁剔透，枝干黝黑，弯曲如铁丝，是制作传统式盆景的上好材料。早春开花，先花后叶，特别适合赏花。贴梗海棠的果实形态奇特，像是位置长倒的梨，因此又有“铁脚梨”之称。

多数海棠更适合我国北方栽培，而贴梗海棠更适合南方栽培。常见的栽培品种有红艳、秀美、多彩、风扬、凤凰木、夕照、红星、沂红、沂锦等。

食用：木瓜是我国首批公布的食药两用资源。果实营养极为丰富，含大量有机酸、维生素、多种蛋白酶和大量黄酮、三萜类化合物，还含磷、铁、钙等多种矿物元素，具有良好的营养、保健作用。其营养价值不亚于猕猴桃，所以有“杏一益、梨二益、木瓜百益”之说，是水果加工品的上乘原料，可用来制作果脯、蜜饯、罐头，酸甜纯正，口味独特，并有一股特殊的清香果味，果肉纤维少，但质地较硬，耐贮运。还可以制作饮料、软糖等，经发酵可制成木瓜果酒、木瓜果醋等产品。

药用：木瓜具有很高的药用价值，有舒筋活络、和胃化湿的功效，用于治疗腰酸腿痛、风湿性关节炎、四肢转筋、吐泻、脚气水肿、中暑等病症。具有抗炎、镇痛、抑菌、保肝、降脂、强壮、抑瘤等多种药理作用。木瓜中三萜、黄酮、有机酸含量较高，是主要活性成分。三萜类成分主要是齐墩果酸、熊果酸、白桦酸等。有机酸成分主要是苹果酸、苯甲酸、柠檬酸、绿原酸乙酯、原儿茶酸、没食子酸、曲酸等。黄酮类主要是槲皮素、芦丁等。主要用于：①抗类风湿关节炎。木瓜抗炎镇痛，能显著减轻关节肿胀、疼痛。木瓜有别于其他抗风湿药物，抗风湿的同时对胃肠道有保护作用。②抗感染。木瓜具有抗菌活性广谱，对革兰阳性菌比阴性菌更敏感，对肠道菌和葡萄球菌有明显抑制作用，同时，木瓜能降低胃肠道平滑肌张力、抑制肠蠕动，可治疗腹泻。木瓜中的多种有效成分具有抗流感病毒、抗乙肝病毒作用，可作为抗病毒，特别是抗肝炎病毒的药物来源。木瓜具有抗真菌作用，对真菌感染引起的足癣有良好疗效。木瓜历来是治疗脚气水肿的要药，内服外用效果良好。③保肝。木瓜对多种原因引起的肝损伤具有保护作用，可防止肝细胞肿胀，气球样变、坏死和脂肪变性，促进肝细胞修复，恢复肝功能，其主要是与木瓜具有抗感染、抗炎、抗氧化作用相关[28]。

毛叶木瓜

【形态特征】 别名木瓜海棠、木桃。灌木至小乔木，高 6 米，枝条直立，具短枝刺。小枝圆柱形，微屈曲，无毛，紫褐色，有疏生浅褐色皮孔。叶椭圆形、披针形至倒卵披针形，长 5～11 厘米，宽 2～4 厘米，先端急尖或渐尖，基部楔形至宽楔形，边缘有芒状细尖锯齿，上半部有时形成重锯齿，下半部锯齿较稀，有时近全缘，幼时上面无毛，下面密被褐色绒毛，以后脱落近于无毛。叶柄长约 1 厘米，有毛或无毛。托叶草质，肾形、耳形或半圆形，边缘有芒状细锯齿，下面被褐色绒毛。花先叶开放，2～3 朵簇生。花直径 2～4 厘米。花色有红、橙、白、粉、绿、黄、朱砂等，多重瓣。萼筒钟状，外面无毛或稍有短柔毛。萼片直立，卵圆形至椭圆形；花瓣倒卵形或近圆形，长 10～15 毫米，宽 8～15 毫米，淡红色或白色。果实卵球形或近圆柱形，先端有突起，长 8～12 厘米，宽 6～7 厘米，黄色有红晕，味酸，气芳香。花期 3～5 月，果期 9～10 月[13]。

【分布范围】 分布于陕西、甘肃、江西、湖北、湖南、四川、云南、贵州、广西等地。果实入药可作木瓜的代用品。

【生长习性】 生于海拔 900～2500 米山坡、林边、道旁。喜温暖湿润阳光充足的气候，抗旱，耐寒冷，冬季能耐－20℃的低温。

对土壤要求不严，适合在肥沃疏松、土层深厚、排水良好的土壤中种植。

【主要价值】

观赏：是集观蕾、观花、赏果、食药用为一体的树种。既可作公园、庭院、街道、广场的观赏树种，又可作盆景，为观赏高档佳品。因此，毛叶木瓜的品种多达百余种，有的以观果为主，有的以赏花取胜。花期长。常见的栽培品种有长俊、红霞、金陵粉、罗扶、一品香、醉杨妃、蜀红等。

食药用：果实可食用、药用，但味酸、质硬，不常用。

日本木瓜

【形态特征】 又名倭海棠、草木瓜。矮灌木，高约1米，枝条广开，有细刺。小枝粗糙，圆柱形，幼时具绒毛，紫红色，二年生枝条有疣状突起，黑褐色，无毛。叶片倒卵形、匙形至宽卵形，长3～5厘米，宽2～3厘米，先端圆钝，稀微有急尖，基部楔形或宽楔形，边缘有圆钝锯齿，齿尖向内合拢，无毛。叶柄长约5毫米，无毛。托叶肾形有圆齿，长1厘米，宽1.5～2厘米。花3～5朵簇生，花梗短或近于无梗，无毛。花直径2.5～4厘米。着花多而密，老干、老枝和头年生枝均着花，花朵大且多为重瓣，花色有橙红、深红、纯白、浅绿等，甚至一株上也能同时开出大红、粉红、浅绿、纯白，以及白色花中加以红线、红瓣、红边等不同颜色的花，花期极长，可达2个月之久。萼筒钟状，外面无毛。萼片卵形，稀半圆形，长4～5毫米，比萼筒约短一半，先端急尖或圆钝，边缘有不明显锯齿，外面无毛，内面基部有褐色短柔毛和睫毛。花瓣倒卵形或近圆形，基部延伸成短爪，长约2厘米，宽约1.5厘米。果实近球形，直径3～4毫米，黄色，萼片脱落。花期3～6月，果期8～10月[29]。

【分布范围】 原产于日本。我国多地栽培。

【生长习性】 适应性强，喜温暖湿润阳光充足的气候，能耐－32℃低温、42℃高温。耐半阴。在盐碱土和黏性土中生长不良。

【主要价值】

观赏：是观花观果，以观花为主的植物，花色妍丽，花冠硕大，盛开时繁花似锦，花期长，极为美观。果实黄色球形。可用于园林绿化，也常作盆栽，置阳台、室内观赏。栽培品种多。常见的栽培品种有东洋锦、长寿乐、矮红、日落、四季红、长寿冠等。

药用：果实供药用，有祛风、舒筋、止痛等功效。

木　瓜

【形态特征】 灌木或小乔木，高达10米，树皮成片状脱落；小枝无刺，圆柱形，幼时被柔毛，不久即脱落，紫红色，二年生枝无毛，紫褐色；冬芽半圆形，先端圆钝，无毛，紫褐色。叶片椭圆状卵形或椭圆状长圆形，稀倒卵形，长5～8厘米，宽3.5～5.5厘米。先端急尖，基部宽楔形或圆形，边缘有刺芒状尖锐锯齿，齿尖有腺，幼时下面密被黄白色绒毛，不久即脱落无毛。叶柄长5～10厘米，微被柔毛，有腺齿。托叶膜质，卵状披针形，先端渐尖，边缘具腺齿，长约7毫米。花单生于叶腋，花梗短粗，长5～10毫米，无毛。花直径2.5～3厘米。萼筒钟状外面无毛。萼片三角披针形，长6～10毫米，先端渐尖，边缘有腺齿，外面无毛，内面密被浅褐色绒毛，反折。花瓣倒卵形，淡粉红色。果实长椭圆形，长10～15厘米，暗黄色，木质，味芳香，果梗短。果皮干燥后仍光滑，不皱缩，故有光皮木瓜之称。花期4月，果期9～10月[13]。

【分布范围】 分布于山东、陕西、河南、湖北、江西、安徽、江苏、浙江、广东、广西等地。

【生态习性】 喜温暖湿润阳光充足的气候，较耐寒耐旱，对土质要求不严，但在土层深厚、疏松肥沃、排水良好的土壤中生长较好。

【主要价值】

观赏：可用于园林绿化，植于庭院、路边、坡地，常见品种有粗皮剩花、豆青、小狮子头、细皮剩花、玉兰等。

食药用：果实味涩，水煮或糖液浸渍后供食用，入药有解酒、祛痰、顺气、止痢功效。

西藏木瓜

【形态特征】灌木或小乔木，高达3米。通常多刺，刺锥形，长1～1.5厘米。小枝屈曲，圆柱形，有光泽，红褐色或紫褐色。多年生枝条黑褐色，散生长圆形皮孔。叶片革质，卵状披针形或长圆披针形，长6～8.5厘米，宽1.8～3.5厘米，先端急尖，基部楔形，全缘，上面深绿色，中脉与侧脉均微下陷，下面密被褐色绒毛，中脉及侧脉均显著突起。叶柄粗短，长1～1.6厘米，幼时被褐色绒毛，逐渐脱落。托叶大，草质，近镰刀形或近肾形，长约1厘米，宽约1.2厘米，边缘有不整齐锐锯齿，稀钝锯齿，上面无毛，下面被褐色绒毛。花3～4朵簇生。果实长圆形或梨形，最大单果重300克以上，长6～11厘米，直径5～9厘米，黄色，味香。萼片宿存。种子多数，扁平，三角卵形，长约1厘米，宽约0.6厘米，深褐色。花期4月，果期9～10月[13]。

【分布范围】 分布于西藏、四川、云南等地。生长于海拔 2200～2760 米的灌木林中。拉萨、罗布林卡等地有栽培。

【生态习性】 喜光，耐寒耐旱，对土质要求不严，但在土层深厚、疏松肥沃、排水良好的土壤中生长较好。

【主要价值】

砧木： 矮化果树栽培的一类种质资源，可作为嫁接苹果的砧木。对苹果树体矮化作用良好。

食药用： 果实为药食两用果，加工后可作水果食用，生食酸涩，经去外皮、切片、沸水烫泡、糖渍等处理，去除酸涩味后食用，风味酸香独特。入药具有和胃祛湿，舒筋活络功效，用于治疗风湿腰膝关节酸肿疼痛[30]。

第三章▶▶
海棠的栽培与管理

海棠通常以扦插、嫁接、分株繁殖为主。扦插技术已经相对成熟，扦插方法有硬枝扦插、嫩枝扦插、根插和叶插等。扦插以采用春插为多，惊蛰前后进行，夏插一般在入伏后进行。但扦插技术还未被普及，国内海棠扦插繁殖生根率低。虽然嫁接易受到砧木培养数量、时间、质量以及嫁接技术的限制，但国内海棠资源丰富，嫁接繁殖更常见。嫁接繁殖选择的砧木多以山荆子、湖北海棠为主。2～3 月份进行切接，6～7 月进行芽接。嫁接后 1～2 年即可开花结果。此外，还可以用压条等方法繁殖[31]。

第一节
海棠嫁接的砧木苗繁殖

秋季湖北海棠果实成熟后，采集果实，阴干或晒干，湖北海棠的果肉薄，不用除去果肉，种子备用。

1. 种子催熟

播种前种子须经过后熟作用才能发芽。其催熟方法主要有以下几种。

（1）层积沟藏法。选择背阴干燥不积水处，挖深 50～60 厘米、宽 40～50 厘米的沟，长度可根据种子数量而定，在沟底铺 5～10 厘米的细河沙，然后将种子与河沙按 1：20 的比例拌匀，放入沟内，距地面 10 厘米处用河沙覆盖，一般要高于地面，呈屋脊状，上面再用草垫盖好。如果种子数量多，可在沟内隔一定距离插入草秆，以利通气；种子量少时，可以在花盆或木箱内用清净的河沙层积，含水量宜在8%左右，湿度以手握成团而无水滴出、放开一触即散为宜。层积一个半月左右，层积期间，要注意湿度变化，以防霉烂、过干或过早发芽。春季大部分种子露白时，即可播种。

（2）薄层冷冻法。早春用凉水或30～40℃温水，将种子浸泡1小时，待种子吸饱水后，于夜晚，摊在背阴处的木板或水泥地上，厚度在0.5厘米以下，以每粒种子都被冻为度，然后将种子拌上河沙，装入布袋，铺于背阴面的冰上，放置10～20天，即可催芽播种。

（3）温水浸种法。播种前30天左右，将种子用30～40℃的温水浸泡5～10分钟，充分搅拌，自然降温后捞出，放入清水中，浸泡2～3天，每天换1次水，再于短期内层积取出，每天均匀翻动1次进行催芽。

（4）冷库冰冻法。用凉水或30～40℃温水，将种子浸泡1小时，待种子吸饱水分后，将种子与河沙按1∶10的比例拌匀，装入木箱或花盆，上下不露种子即可，放到冷库里冰冻。

（5）生长素处理法。将种子用100～500毫克/升萘乙酸，或20～100毫克/升赤霉素，或3%碳酸钠，或0.3%溴化钾溶液浸泡12小时[32]。

2. 播种

（1）土壤深耕。选择前茬作物收获后，及时翻耕灭茬，利用冬季低温、降雪，冻死或者降低在土壤中越冬的病虫基数。深耕25～30厘米为宜。

（2）施底肥。育苗地选择背风向阳，土层深厚，土壤肥沃、疏松、排灌良好的沙壤土或黏壤土。推广测土配方施肥技术，以基肥为主，追肥为辅。为了确保品质，基肥以发酵腐熟后的农家肥和生物有机肥为重点，每亩施农家肥2000～3000千克，豆饼或麻饼200千克，生物有机肥100千克左右。农家肥缺乏的，每亩施用专用复合肥或复混肥100～200

千克，配合生物有机肥 100～200 千克作为基肥一次性施入垄沟内。

（3）起垄。苗行方向一般南北向最佳，起垄，垄宽 0.5～1.2 米，长度不定，垄间沟宽 0.2～0.3 米、深 0.2 米。还要求开好围、腰沟，宽 0.2～0.4 米。

（4）播种。初春，土壤解冻后，边开沟、边播种、边覆土搂平。通常采用条播，按行距 40～50 厘米，开深 3 厘米、宽约 4 厘米的播种沟，按株距 10～15 厘米将种子均匀地撒在播种沟内，播种量每亩播 1.5 千克左右。要做到覆土厚度适宜，一般覆土厚度应为种子直径的 2～3 倍。播种完成后要及时浇水，可用秸草覆盖。

3. 嫁接苗抚育

播种后，幼苗出土前后，要防治蝼蛄、地老虎等地下害虫或立枯病对幼苗的危害。苗木初期及时间苗。待苗高达 15～20 厘米时，及时除草，注意浇水，补施一次追肥，追肥可用尿素或生物有机肥、叶面肥。防治病虫，尤其要防治介壳虫、布袋蛾等食叶害虫的危害。秋末冬初，在寒冷地区要防止冻害[33]。

第二节 海棠的嫁接

一、劈接法

可在春季树木萌动前，采集需要嫁接的穗条，随采随接 ，嫁接成活后移植。也可将砧木掘出嫁接后移植。采集穗条时，应选择光照充足、发育良好的中等枝条。嫁接时，应选用枝条中部的饱满芽部位，有利于成活。田间嫁接，以 2～3 月芽萌动前后为宜。嫁接后移植，可在落叶之后到翌春发芽前进行。

劈接技术：①削接穗。选枝条中部饱满芽的两侧基部，将其削成双切面，削面平滑，一侧稍厚，另一侧稍薄。接穗要保留 2 个芽为好。②削砧木。从砧木苗基部 5～10 厘米处剪去苗干，断面要平滑，在接处用刀斜削一下，露出形成层，然后对准形成层，向下垂直切下 2.5～3.5 厘米。③接法。将削好的接穗插入砧木对准形成层或一面对准。对准后，用塑料薄膜缠紧，切忌碰动接穗。接芽成活后，及时去除接穗薄膜、除草、灌溉、施肥、防治病虫和防止成活的接枝风折等。

二、芽接法

通常采用“T”字形芽接法。砧木选择同劈接法。通常在春季苗木发芽前后、6～8 月苗木生长停止期间嫁接为宜[17]。嫁接方法：①选择砧木苗干光滑处开“T”字形，用刀劈开两边皮层。②选枝条中部的饱满芽，在其上部 1～2 厘米的部位，沿皮层垂直切下，去掉接芽的木质部。③将处理好的接芽插入砧木“T”字形切口内，上端对齐，用麻绑紧接芽片，露出接芽。接芽成活后，及时松绑、除萌、除草、灌溉、施肥、防治病虫和防止成活的接枝风折等[34]。

第三节 海棠的移栽

一、种植穴准备

一般应于起苗前 15 天左右挖种植穴。栽植方式上，可单株栽植，单行或双行栽植，带状栽植或片状栽植，也可混交栽植。栽植穴根据栽植方式准备，大小依据栽株大小而定。一般 1～ 2 年苗可裸根栽植，大苗带土球栽植为佳。种植穴的长、宽应各大于土球直径20厘米，深度应大于土球高度30～40厘米。种植穴上下大小一致，也可上小下大，避免下小上大。将土中的杂质清除干净，如土壤成分复杂，则应进行换土。挖穴时要将表层土和底层土分开放，并摊开进行晾晒。穴部铺10～20厘米厚经腐熟发酵的有机肥作底肥，底肥上铺5～15厘米厚的表土，土铺上后脚踩实。根据需要合理密植，一般每亩种植150～300株。

二、起苗

起苗时间可在春季发芽前或秋季落叶后，土壤封冻前进行。起苗前十天要对苗木浇一次透水，以利挖掘和成团。起苗时原则上尽量保留土球，土球的规格一般为地径的6～8倍。另外在起苗时应尽量少伤根，对于一些粗大根应用手锯锯断，使锯口平滑，不可用铁锹铲断或用刀砍断，伤口处应用石硫合剂进行消毒。起苗后，要对苗木及时进行分级，若直接外运，可将分级苗木打成捆，并用草帘和塑料布包装，若为大株则在土球挖好后用草绳绑扎好，以防在运输过程中破损。苗木外运时，要事先进行检疫，检查其是否携带各种病菌和检疫害虫的虫卵。

三、栽植

苗木要及时种植，把苗木放到种植穴正中央，然后填土，种植土要拌入适量的有机肥。填土时要注意先填表土，后填底土，种植深度也要与原种植深度基本一致，土填完后分层踏实。种植完后马上浇头水，5天后浇二水，两次水浇足浇透，对浇水时冲出的坑洞也要及时封堵，防止根系外露。也可增加喷灌措施，确保成活。大株用草绳缠绕树干防止日灼。加支架，防倒伏。

四、栽后管理

移栽成活后，要加强抚育管理，及时除萌、中耕、除草、灌溉、施肥、防治病虫等。苗木浇二水待表土干后及时培土封堰，培土厚为30～40厘米，所培土堆要踩实。根据当地气候状况，秋季栽种可进行防寒，涂白剂（主要成分为生石灰、硫磺、水、食盐，其比例为10：1：40：1，对分枝点以下的主干涂白即可）。翌年早春应及时将土堆拨开，并浇好返青水，3～4月应再浇一次透水，以后每月浇一次水，降水丰沛期可少浇水或不浇水，雨后还应及时排除积水，防止水大烂根[18]。

移栽第一年勿使其开花，及时抹除部分叶芽，避免消耗过多养分。要经常中耕松土，保持土壤疏松肥沃。每年秋、冬季可在根际处换培一批塘泥或肥土。落叶后至早春萌芽前进行修剪，把枯弱枝、病虫枝剪除，以保持树冠疏散，通风透光。

为促进植株开花旺盛，徒长枝要实行短截，以减少发芽的养分消耗，使所留的腋芽均可获较多营养物质，形成较多的开花结果枝。结果枝、中间枝则不必修剪。

盆栽海棠经过1～2年的养胚，待树桩初步成型后，可在清明前后上盆。栽培桩景应选用浅盆。初栽时根部要多壅一些泥土，以后再逐步提根，配以拳石，即可形成具有山林野趣的海棠桩景。新上盆的桩景，遮阴一段时间后，才可转入正常管理。为使桩景花繁果多，水肥管理应该加强。花前要追施1～2次磷氮混合肥；花后每隔半个月追施1次稀薄的磷钾肥，以促使果实丰满，减少落果。

每年春季开1次花的海棠，如采用降温、减水、遮光等方法处理，当年秋季可二度开花。具体方法为7月上旬把盆栽的海棠花树移到阴凉处降温，减少光照，并避雨，逐渐减少浇水，减至使植株叶片发黄自行脱落为止，以促使其休眠。以后少量浇水，以维持生命和不萌发新芽为度。这样经过 40 天左右的休眠，再将植株置于全光照下，浇透水、加施液肥，使之苏醒萌发新芽。再经过 1 周左右，就能见到鲜艳夺目的海棠花蕾。此外，还可利用其芽苞对温度敏感的习性，在隆冬采用加温催花的方法，将盆栽海棠桩景移入温室向阳处，浇透水，加施液肥，以后每天在植株枝干上适当喷水，保持室温在 20～25℃，经过 40 天左右后，也能开花，可供元旦或春节摆设观赏用。另外，水养大枝切花，也可在温室内促成。可在整个冬季分批水养，随开随用[35]。

参考文献

[1] 卢洁，许明修，姜楠南，等．观赏海棠的引种及应用研究［J］．落叶果树，2017，49（4）：51-53.

[2] 龚睿，张春英，奉树成．海棠观赏种质资源及其利用［J］．中国农学通报，2019，35（26）：75-79.

[3] 冯冰，刘坤良．海棠类植物品种与景观应用［J］．中国花卉园艺，2013，14：39-41.

[4] 张春英．“紫花”海棠［J］．园林，2001，9：38.

[5] 钱关泽．苹果属（*Malus* Mill.）分类学研究［D］．南京：南京林业大学，2005.

[6] 李育农．苹果属植物种植资源研究［M］．北京：中国农业出版社，2001.

[7] 陈恒新．山东海棠品种分类与资源利用研究［D］．南京：南京林业大学，2007.

[8] 刘一娜．海棠品种性状规范性描述与数据库构建研究［D］．北京：中国林业科学研究院，2018.

[9] 周婷，沈星诚，周道建，等．海棠品种分类研究进展［J］．园艺学报，2018，45（2）：380-396.

[10] 郑勇奇，张川红．外来树种生物入侵研究现状与进展［J］．林业科学，2006，42（11）：114-122.

[11] 唐菲，丁增成，任杰，等．我国观赏海棠种类及品种概述［J］．安徽农业科学，2015，43（16）：190-195，218.

[12] 孙红英．中药木瓜的本草与药理研究［J］．中医学报，2010，25（147）：263-264.

[13] 中国科学院中国植物志编辑委员会．中国植物志［M］．北京：科学出版社，1974.

[14] 朱靖静，刘呈雄，张红艳，等．湖北海棠质量标准研究［J］．中药材，2010，33（05）：707-710.

[15] 陈琳琳，吴瑞姣，刘连芬，等．湖北海棠的研究进展及应用前景［J］．北方园艺，2013，16：217-221.

[16] 邵丽鸥．救救植物［M］．吉林：吉林美术出版社，2014.

[17] 张伟，宋秀英，曲云燕，等．观赏海棠栽培技术［J］．中国花卉园艺，2009，12：33-35.

[18] 邓运川．海棠花的栽培管理技术［J］．南方农业（园林花卉版），2008，3：72-75.

[19] 郭翎．观赏苹果引种与苹果属（*Malus* Mill.）植物 DNA 指纹分析［D］．泰安：山东农业大学，2009.

[20] 杨银虎，宋德金，覃龙虎．北美海棠‘高原之火’引种培育［J］．中国花卉园艺，2017，20：50-51.

[21] 李全红，尚玉萍，李良安．五种现代海棠在郑州市的引种选育和应用［J］．河南林业科技，2014，34（1）：27-28.

[22] 杨永花，杨振坤，王金秋，等．适宜兰州地区栽植的优良观赏海棠品种［J］．农业科技与信息，2016，35：128-131.

[23] 刘一娜．海棠品种性状规范性描述与数据库构建研究［D］．北京：中国林业科学研究院，2018.

[24] 庞爽慧．海棠专类园规划设计理论初探［D］．保定：河北农业大学，2008.

[25] 陈恒新．山东海棠品种分类与资源利用研究［D］．南京：南京林业大学，2007.

[26] 邱英杰．不同品种北美海棠观赏特性及耐寒性研究［D］．秦皇岛：河北科技师范学院，2018.

[27] 邵明，杨淑芬．彩色树种红宝石海棠育苗技术［J］．中国林副特产，2017，2：50-51.

[28] 邹传宗．木瓜活性成分及药理作用研究概述［J］．园艺与种苗，2012，3：55-58.

[29] 易吉林．新优观花植物——日本海棠［J］．南方农业（园林花卉版），2008，5：32-33.

[30] 邵则夏．西藏木瓜［J］．云南林业，2007，2：30.

[31] 陈金祥，邱伟忠，邱士明，等．海棠的特征特性及嫁接繁殖技术［J］．现代农业科技，2014，12：175-176.

[32] 司永，许向亮，倪瑞雪．海棠育苗技术要点［J］．内蒙古林业，2017，7：28-29.

[33] 马书燕．西府海棠嫁接繁殖技术［J］．现代农业科技，2010，12：47-48.

[34] 王丽斯．观赏海棠的选择与繁殖［J］．河北林业科技，2010，（5）：84-86.

[35] 王明荣．引进 33 种欧洲海棠品种繁殖栽培研究及景观应用价值评价［D］．南京：南京林业大学，2005.

第二篇

海棠文化与康养

人类健康问题已成为当代社会关注的重点，我国更是将人民健康放在优先发展的战略地位。康养成为百姓生活中的重要话题。中国传统文化博大精深，具有丰富的康养理念，并形成了独特的康养特色。自然康养、旅游康养、中医康养、运动康养等多种形式的康养方式应运而生，并形成了以满足健康需求者全方位需求为导向的新型产业——康养产业。

康养是维持和恢复身体、心理健康的活动和过程的总称。“康”意味健康、康复、无病。“养”是使身心得到滋补和休息，包含养病、养心、养性、休养、营养多种含意。我国历来认为养心与养身同等重要。养生学奠基之作《黄帝内经》最早提出“天人相应”“形神共养”的主张。海棠自古以来是我国雅俗共赏的名花，繁花似锦，素有“国艳”之誉，有“花中神仙”“花贵妃”“花尊贵”之称。春可赏花，秋可观果，是极具中华民族特色的观赏及食、药用植物。对养心与养身都具有良好的价值。海棠可作为森林康养的优质资源，能够营造良好的环境，有益人的身心健康。同时，我国自古便有种海棠、赏海棠、用海棠的习俗，由此孕育出丰富多样、寓意深远的海棠文化。无论是以海棠为主题的文学作品，还是艺术作品，都能够潜移默化地愉悦人们的精神，培养人们的审美情趣，更多地发现美、感知美、欣赏美，从而克服消极情绪，舒畅心情，为积极乐观生活学习增添精神力量。

第一章▸▸

海棠名称由来

海棠名称的由来伴有许多美丽的传说。民间相传在玉帝的御花园里有个花神叫玉女。玉女与嫦娥为好朋友，经常到广寒宫去玩。有一次，玉女看见广寒宫里新种了一种从未见过的仙花，奇巧可爱，想到玉帝的御花园中没有这种花，就请求嫦娥送她一盆，嫦娥说这是王母娘娘的花，不能送。但玉女软缠硬磨，还是让嫦娥送了她一盆，不想刚出广寒宫门，迎头就碰上了王母娘娘。王母娘娘一气之下将玉女和她手中的那盆花一起打下了凡间。这盆花正巧落在一个花匠花园中，花匠见一盆花从天而降，连忙伸手去接，怕有闪失，忙叫女儿海棠过来帮一把。海棠姑娘急忙跑过来，看见爹爹手里捧着一盆花连叫“海棠”，便高兴地问：“爹爹，这花儿也叫海棠吗?”花匠也从未见过这种花，听见女儿这么一说，觉得这花儿的确和女儿一样美，干脆将错就错地叫它“海棠花”。只是海棠花虽被花匠接住了，但它的香魂却随风飘走了。这就是为什么海棠花原有天香，如今却没有香味的传说。

海棠在我国的栽培历史悠久，名称经过多次变化。随着人们对这类植物认识的不断深化，历史上海棠类植物的称谓也在不断演变，大致经历了杜、甘棠—亭—柰—野棠—海红—海棠的演变过程。“棠”字出现于春秋战国时期，《诗经》中已出现了“棠”字，《山海经》中也有多处关于“棠”的记载。但古时苹果与梨不分，多种苹果属植物形态与杜梨极其相似，地理分布一致，果实可食用，梨属和苹果属的植物统称为“棠”“杜”“甘棠”等。《诗经》《山海经》两书中多处提及的“棠”，均不是特指苹果属植物。《诗经·卫风·木瓜》记载：“投我以木桃，报之以琼瑶。匪报也，永以为好也!”这里所写的木桃指木瓜海棠，是关于海棠最早的明确记载。西汉时期开始区分梨与苹果，用“柰”“林檎”“苹婆”等词指苹果属植物。“海棠”一词出现在唐代中晚期，将以观花为主的苹果属植物称为“海棠”。明清时期苹果属植物再区分为两类，小果类称为“柰”，大果类称为“苹婆”“苹婆果”，后演变成今天的“苹果”。

现在，人们通常所说的海棠是指蔷薇科苹果属的植物，有时也包括蔷薇科木瓜属的木瓜海棠、贴梗海棠。而植物学上所说的海棠是指果实直径小于或等于5厘米的苹果属植物。因此，国际上通常习惯将此属植物中的栽培品种按其果实大小划分为苹果与海棠两大类，果实大于5厘米的为苹果，果实小于5厘米的为海棠。

在中文中被称为海棠的植物主要有4类。蔷薇科苹果属（*Malus*）植物；蔷薇科木瓜属（*Chaenomeles*）植物，如贴梗海棠、日本海棠；秋海棠科秋海棠属（*Begonia*）植物，如四季海棠、球根海棠；野牡丹科野海棠属（*Bredia*）植物，如秀丽野海棠、双腺野海棠、短柄野海棠等；还有其他多种植物被冠以海棠之名，如大戟科大戟属（*Euphorbia*）植物铁海棠，卫矛科雷公藤属（*Tripterygium*）植物昆明山海棠，藤黄科金丝桃属（*Hypericum*）植物黄海棠等。

第二章

海棠与名人典故

海棠花以其风姿艳质赢得了世人的喜爱，演绎了许多动人的典故与传说。杨玉环、杜甫、苏轼、朱元璋、张大千、周恩来等历史名人均与海棠结下了不解的渊源。

海棠春睡

唐玄宗与杨玉环的爱情故事流传千古，深受人们喜爱。“海棠春睡”的典故便是唐玄宗与杨玉环的爱情写照。当年唐玄宗将醉睡的杨玉环比作海棠花，便有了“海棠春睡”。据《冷斋夜话》上的记载：上皇登沉香亭，召太真妃，于时卯醉未醒，命力士使侍儿扶掖而至，妃子醉颜残妆，鬓乱钗横，不能再拜，上皇笑曰：“岂妃子醉，是海棠睡未足耳”。典故自北宋出现后，代代流传，成为后代诗人、画家不断吟咏、描绘的题材。引用此典故较早的当属苏东坡，他据此写了一首《海棠》：“东风袅袅泛崇光，香雾空蒙月转廊。只恐夜深花睡去，故烧高烛照红妆”。该诗描绘了春意暖融，海棠阵阵幽香在氤氲的雾气中弥漫开来，沁人心脾的景象。月亮因嫉妒怒放海棠花的明艳，将月光转到了回廊那边。海棠蓄积了一季努力而悄然盛放的花儿，如此芳华灿烂，怎能忍心让她独自栖身于昏昧幽暗之中，伤心、孤寂、冷清得想睡去，那就让我用高烧的红烛，为她驱除这长夜的黑暗吧。可见苏轼爱花的痴情，欲与花共度良宵的执着。

到了明代，唐伯虎根据典故，画了一幅《海棠美人图》。《红楼梦》里对秦可卿房间摆设的描述中也提到过墙壁上有唐伯虎画的《海棠春睡图》。著名女词人李清照也以海棠为依托，写过著名的爱情诗。后世的文学作品中常以“海棠春睡”代指杨玉环，将杨玉环比作海棠花，用美人的醉态、睡态描摹海棠的妖娆。后来随着咏海棠文学作品的传播与普及，发展为以美女喻海棠花。

唐玄宗将杨玉环比作海棠花，还说杨贵妃为“解语花”。唐代王仁裕《开元天宝遗事·解语花》载：“明皇秋八月，太液池有千叶白莲，数枝盛开，帝与贵戚宴赏焉。左右皆叹羡久之。帝指贵妃示于左右曰：争如我解语花？”从此，海棠又被冠以“解语花”的雅号，指会说话的花，比喻美女聪慧可人。

杜甫何不咏海棠

四川的海棠在唐时已名闻天下，唐宋歌咏海棠的文人墨客众多，而杜甫又曾久居四川，在成都草堂写下了众多的名篇佳句，却唯独不见咏海棠花的诗。到底是什么原因造成杜诗中无海棠呢？这一问题吸引了诸多文人的关注。直到今天，仍然是有争议，主要有三种说法。

未见之说：南宋杨万里等认为杜甫不曾见过海棠，因此他在《海棠四首》中云：“岂是少陵无句子，少陵未见欲如何？”但《山海经》《三巴记》中都有关于川中海棠的记载，这说明四川等地很早就有海棠分布了。而杜甫年少时游历过齐、赵、吴、越等地，安史之乱后迁居成都，足迹遍布川蜀。显然，不曾见过海棠的可能性微乎其微。所以，后人对此说大多持否定态度。

失传之说：陆游等认为杜甫有过海棠诗，但已失传。他在《剑南诗稿》《海棠》诗中自注云：“老杜不应无海棠诗，意其失传尔。”曾几在《茶山集》《海棠洞》中也说：“杜老岂无诗，应为六丁取。”杜甫一生写了近三千首诗，流传下来的仅有一千四百多首，另外一千多首诗应当是失传了。杜甫有关海棠诗流失也有可能，但这都是猜测之言。

避讳之说：《古今诗话》里记载“杜子美母名海棠，子美讳之，故

《杜集》中绝无海棠诗。”在古代，文人是很讲究避讳。子女不能直接称呼父母名字，否则便视为不孝。杜甫因避母讳，所以才不作海棠诗。这种说法更合情理，因而更多人认同。

飞将茶

中国人爱喝茶，历代对品茶十分讲究，从唐代的煮茶演绎到宋代的点茶，已极尽奢华。到了明初明太祖朱元璋下令茶制改革，提倡散型叶茶，才有了现在的以散茶冲泡为主的喝茶方式。朱元璋改革茶制与其生活经历和对茶的喜好有关。我们现在喝的绿茶，是制作讲究的“细茶”，在过去，一般人家平常喝不起“细茶”，只能喝一匹罐这样的“粗茶”。据传，朱元璋贫贱时喝的也是一匹罐。等他当了皇帝，有族人不远万里给他送来一包一匹罐。太监们见其如此粗枝大叶，扔在宫门外。朱元璋发现后，命人烧了一大缸茶，赐文武百官畅饮，并当场赋诗一首：“一树发万叶，一叶饮百人；一匹飞将在，无处不国门。”因此，一匹罐也称“飞将茶”。一匹罐也就是海棠茶。有民谣这样盛赞一匹罐：“喝的一匹罐，做的帮工汉，干的牛马活，吃的糠菜饭；喝的一匹罐，拿金也不换，日头晒脱皮，不用芭蕉扇。”可见一匹罐虽然外形粗糙，但其独特的解渴消暑功能却给人留下了深刻的记忆与回味。

海棠依旧

“海棠依旧”出自南宋词人李清照的《如梦令》。“昨夜雨疏风骤，浓睡不消残酒。试问卷帘人，却道海棠依旧。知否，知否？应是绿肥红瘦。”但当代人们更记得讲述周恩来总理感人事迹的电视剧《海棠依旧》。海棠是周恩来总理生前最钟爱的花卉之一，中南海西花厅内广植西府海棠。看到盛开的海棠花，周恩来总理爱上了这个院落，并选定这个院落居住，一住就是26年。1954年春，西花厅海棠盛开时，周总理正在瑞士参加日内瓦会议，无法亲临赏花，于是邓颖超特意剪下一枝海棠花，做成标本，夹在书中托人带给总理，希望总理在繁忙的工作中间，看一眼海棠花，能得以回味和休息。总理看到这来自祖国蕴涵深意的海棠花非常感动，百忙中也没忘记回赠邓颖超热情问候，托人带回一枝芍药给邓颖超。周恩来与邓颖超千里迢迢赠花问候，成为广为流传的佳话。

药王昏死茶露醒

土家族有将湖北海棠嫩叶作为茶饮用的习惯。此茶在明代以前就已在土家族集聚地武陵山区盛行，习称林檎茶、花红茶等。林檎始载于《千金·食治》，以后《开宝本草》《本草图经》《本草纲目》中均有记载。根据历代文献考证可以肯定，古之林檎主要是今之花红（*Malus asiatica* Nakai），但包括了湖北海棠等多种近缘种。《食性本草》记载的三种林檎中小者味涩，秋熟，《本草纲目》记载的楸子，应该是湖北海棠等花红的近缘种。

花红叶药用始载于《滇南本草》[1]。有“泻火明目，杀虫解毒”的功效。是花红叶具有解毒作用的最早记载。《滇南本草》为明代云南嵩明人兰茂所著，于公元 1436 年完成。由此可知，早在明代，花红茶就已食药两用，具有解毒的作用。土家族“药王”的原型起源于唐代孙思邈，“药王昏死茶露醒”的传说可能在明代以前就已形成。清代陈元龙、孙壁文在“神农尝百草，一日而遇七十毒”后面加上“得荼（茶）以解之”，很有可能所饮之茶即是花红茶。

第三章▸▸
海棠文化的形成与发展

中国海棠文化历史源远流长，海棠文化萌芽于先秦时期，秦汉魏晋南北朝时期得到发展，唐宋时期进入繁盛，明清时期进一步发展和传承，当代得到广泛拓展和创新。

关于海棠的最早书面记载可追溯到2500年前的《诗经》。另有研究表明东周楚灵王兴建的章华台内植有海棠，吴王夫差在造“梧桐园”时也植有海棠。同梅、菊、荷花、牡丹等中国传统名花一样，海棠花也经历了由实用转而欣赏的过程。早期引起人们关注的并非是海棠的艳丽花姿，而是海棠果实、叶的食用价值。但由于植物分类知识所限，先秦人们尚不能准确识别“海棠”，只能将形态相似的一类植物归为“棠”及其近义词“杜”。由于“棠”与生产、生活密切相关，因而“棠”最早出现，而后在此基础上，衍生出“甘棠”“沙棠”“棠梨”等称谓。

汉代开始海棠就与中国园林结缘，常与玉兰、牡丹、桂花相配植，栽在皇家园林中，寓意“玉棠富贵”。到了西汉，司马相如的《上林赋》有“柰”等记载，据考“柰”指现在苹果属植物。三国时曹植的《谢赐柰表》记载“柰以夏熟，今则冬生。物以非时为珍，恩以绝口为厚”，说明当时柰属于皇室享用的珍稀果品。东晋时期著名书法家王羲之有帖：“来禽青李皆囊盛为佳”。这一时期所记载的苹果属多种植物果实已被食用，但并未区分品种。

魏晋南北朝时期，实现了海棠由野生到栽培、由食用到观赏的转变，海棠开始广泛栽培于皇家园林、私家园林和寺庙园林中。在这一时期的主要文学作品辞赋、乐府诗中，海棠多有记载。贾思勰的《齐民要术》中记录了栽种柰、林檎的方法，但这一时期，“海棠”还没有从“棠”“柰”中分离出来。

“海棠”一词大约出现在唐朝中晚期，这一时期海棠作为观赏植物被广泛栽培，海棠在园林中得到多样化应用，品种数量不断增多。以海棠花为主题的文学、艺术蓬勃发展。唐相贾耽在《百花谱》中誉海棠为“花中神仙”，此书为较早使用海棠这一称谓的著作。此后海棠作为观赏植物的地位与声望日益突出。

两宋时期，社会经济繁荣，兴大建园林之风，为海棠文化的发展提供了机遇。宋代帝王多垂青海棠，宋徽宗穷四方珍贡，极天下花木，在京城开封建成皇家园林，园中种有海棠，景名“海棠川”。这一时期，海棠在园林中的应用变得非常普遍，海棠作为观赏植物的栽培更加广泛。文人多有脍炙人口的诗句赞赏海棠，还出现了大量关于海棠的专著、诗歌等，如《海棠记》《海棠谱》等。沈立在《海棠记》中记载“尝闻真宗皇帝御制后苑杂花十题，以海棠为首章，赐近臣唱和，则知海棠足与牡丹抗衡而独步于西州矣。”陈景沂在综合性花卉著作《全芳备祖》中辑录了海棠的产地、品种、典故、诗词等，后世的大型花卉谱书多受其影响。同时，海棠的品种逐渐增多，名称进一步细化，出现了蜀海棠、垂丝海棠、紫绵海棠、千叶海棠等称谓。千叶海棠是一种重瓣的海棠品种，因此，海棠花也从单瓣花发展到重瓣花，观赏价值更丰富，品种培育技术更成熟。海棠受到人们的普遍喜爱，逐渐成了美好吉祥的象征。

明代王象晋在《群芳谱》中提出“海棠四品”，这种观点影响深远，直至今天，木瓜属的贴梗海棠、木瓜海棠的名字中仍带有“海棠”二字。《园冶》《遵生八笺》《长物志》等书籍对海棠式样的园林应用、海棠插花、盆景等进行了一定的总结，构筑了海棠文化的多样性。海棠文化的表现形式日益多样化，涉及栽培、医药、戏曲、小说、园林、插花、书画等。海棠也成为文人常用的意象，歌咏海棠的诗词、散文多有流传，《西厢记》《梧桐雨》等戏曲作品也涉及海棠。李时珍在

《本草纲目》中林檎、海红等条下系统总结了海棠的药用价值。海棠在清代的花卉综合书籍中也多有论述，汪灏在《广群芳谱》中将海棠设为两卷，内容丰富、严整、充实。吴其浚的《植物名实图考长编》中有海红即海棠果实的记录。

反映海棠文化的文学作品相当多，诗词、小说、戏曲、散文中均涉及海棠。文人对海棠的歌咏大体可分为两类：一是称赞海棠的绝色风采，花开胜景，描绘其令人赏心悦目的姿色；二是借海棠抒发伤春、惜春之情。

海棠栽培始盛于唐，所以唐代出现了咏海棠诗。唐代的海棠诗约有 15 首，涉及诗人 11 位。如郑谷、何希尧、苏轼均有《海棠》诗[2-4]，范成大有《垂丝海棠》[5]，齐己有《海棠花》[4]，陆游有《海棠歌》[6]，韩偓的《懒起》[7]，李清照的《好事近·风定落花深》[8]，杨万里《春晴怀故园海棠二首》[9]，陈与义《春寒》[10] 均对海棠进行了咏颂。薛涛、李绅、顾非熊、薛能、温庭筠、翁洮、吴融等也均有关于海棠的诗。

海棠深受人们喜爱，历代文人更是爱其妖娆多姿，尊贵华丽。曹雪芹对海棠充满感情，所以海棠也是贯穿小说《红楼梦》全书的文化意象，前八十回中有十五、六回均提到海棠[11,12]。

戏曲中同样有海棠的身影。元曲四大家之一白朴代表作《梧桐雨》讲的是唐玄宗与杨玉环的爱情故事。在第四折剧中李隆基叹道：谁承望马嵬坡尘土中，可惜把一朵海棠花零落了。直接用海棠花指代杨贵妃。

海棠不仅是诗人笔下的常客，也是散文家的挚爱。朱自清的《月朦胧，鸟朦胧，帘卷海棠红》，史铁生的《老海棠树》，川端康成的《花未眠》等为大家所熟知的散文作品，写出了海棠美，海棠情，以至海棠透出的哲理。

海棠还常为书法家、画家笔下的主题。唐以前的绘画以宗教画为主，到了唐朝花鸟画渐渐脱离山水画，成为独立的绘画题材。自此海棠或为画面主体或作陪衬常出现于花鸟画中。五代时期南唐花鸟大家徐熙的《玉堂富贵图轴》，绘有玉兰、海棠、牡丹等。花中之王牡丹，作为富贵的象征，自古以来被人们所喜爱，也是历代画家用来表现吉祥、富贵、美好的题材。徐熙的这幅画，将牡丹和玉兰、海棠相配，以海棠谐音“堂”，而得名《玉堂富贵图》，以至“玉堂富贵”后成为我国古典园林常用配置形式。到了清代邹一桂也有名为《玉堂富贵图》的作品。

海棠是美好和理想的象征，常用来与丑陋作鲜明对比。清代著名画家朱耷（八大山人）画笔下，尽为残山剩水，或为“白眼向人”的鱼鸟，但他对笔下的海棠却含情脉脉。在他的《海棠春秋图轴》中，左上和右下草草皴就的大块方石几乎塞满了整个画面，在逼仄的空间里，海棠横斜，流露出作者游子失家、漂泊无定的沉郁之情，他把海棠当作美好事物的象征，用以寄托理想和希望。

国画大师张大千一生喜爱海棠、梅花、荷花等有中国特色的园林植物，在旅居美国时曾向友人“乞讨”海棠，并作有《乞海棠》：“君家庭院好风日，才到春来百花开；想得杨妃新睡起，乞分一棵海棠栽。”张大千听说百里之外种有名贵的垂丝海棠，为求购数株，甚至愿意典当画作，节衣缩食，足见他对海棠的热爱。1982年底，身居台北的张大千处于生命的最后阶段，作《海棠春睡图》赠予四川老友，画上折枝海棠设色艳丽，形态娇媚，并题诗表达自己对祖国和老友的思念之情。

海棠作为文化题材还经常体现在盆景、插花艺术里。宋代海棠已成为盆景的重要植物材料之一。因海棠易加工造型成古老形态的桩景，现代盆景诸流派经常选用贴梗海棠、垂丝海棠、西府海棠和木瓜海棠做造型。不论是制作自然类树桩盆景还是规则类树桩盆景，不论是观花盆景还是观果盆景，海棠均极适宜，海棠还是理想的瓶插植物。

邮票中也可见海棠，2018年3月，中国邮政发行了一套“海棠花”特种邮票。该套邮票由我国著名画家龚文桢设计，采用传统的中国工笔画法，在淡米暖色调的底色衬托下，展现了海棠花迎风绽放的素雅风姿。以花枝局部为中心，在绿叶的衬托下，将花瓣、雌蕊、雄蕊、萼片等表现得淋漓尽致、栩栩如生，令人陶醉。既有肆意盛开的花朵，也有含苞待放的蓓蕾，精谨细腻地描绘出唯美的画面效果。中国邮票2018年年册配有文字：海棠花花色娇艳、婀娜多姿，是著名的观赏花卉。本套邮票所展示的楸子、西府海棠、河南海棠、三叶海棠四个品种均为苹果属，主要分布在黄河与长江流域，花期一般为3月下旬至5月初。

西府海棠还因曾得到周恩来总理的喜爱而闻名。2018年是周恩来同志120周年诞辰。本套邮票的发行也体现了对这位伟人的纪念。

参考文献

［1］ 兰茂．滇南本草［M］．云南：云南科技出版社，2000，12：101-102.

［2］ 王定璋．试论郑谷的蜀中诗歌［J］．西华大学学报（哲学社会科学版），2011，30（2）：50-55.

［3］ 陈菲，徐晔春．唐诗花园—跟着唐诗去赏花连载二：海棠篇［J］．南方农业·园林花卉版，2007，2：30-32.

［4］ 姜楠南，汤庚国．中国海棠花文化初探［J］．南京林业大学学报（人文社会科学版），2007，7（1）：56-61.

［5］ 花志红．范成大笔下的成都景象［J］．文教资料，2008，29：10-11.

［6］ 陈永红．苏轼与陆游海棠诗歌之比较［J］．南京工程学院学报（社会科学版），2016，16（04）：28-31.

［7］ 吴邦江．《香奁集》心灵的诗意与美感［J］．常州大学学报（社会科学版），2015，16（2）：81-85.

［8］ 王长顺．李清照词意象美嬗变论析［J］．文艺评论，2012，2：46-49.

［9］ 付春明，戴瑾容．论杨万里的咏花诗［J］．南昌师范学院学报（ 社会科学），2014，35（4）：116-120.

［10］ 涂小丽．宋代《海棠》诗归属考［J］．古籍整理研究学刊，2012，5：81-83.

［11］ 张慧．《红楼梦》中的海棠诗［J］．名作欣赏，2014，（13）：99-101.

［12］ 马晓东．《红楼梦》海棠的蕴含与叙事功能［J］．沈阳师范大学学报（社会科学版），2012，36（01）：59-60.

第三篇

海棠活性与康养

养生是康养的重要形式，食疗养生则是养生的核心内容之一。不少疾病或亚健康状态都是由不良的生活方式、心理与环境因素导致。食疗养生就是利用食物的特性调节机体功能，使其获得健康或防病的方法。我国食物与药物之间关系密切，“药食同源”“药补不如食补”等理念，“茶饮养生”等养生方式不仅成为人们信奉的养生信条，而且已发展成为自成体系的食疗养生文化。早在“神农尝百草”时期，就已有了食补重于药治的理念。战国时期医家扁鹊、唐代医家孙思邈均强调:“安身之本，必资于食。救疾之速，必凭于药。夫为医者，当须先洞晓病源，知其所犯。以食治之，食疗不愈，然后命药。”可见食疗对维护人们身心健康，调理亚健康状态，治未病方面具有重要作用。

海棠作为一种优良的绿化观赏植物，有着重要的生态、经济和养生价值[1]。海棠春天花色艳丽，秋天金果满枝，无论是绿化栽培，还是矮化盆栽，都别有韵味，赏心悦目。海棠不仅形美花艳，可愉悦心情、陶冶情志，益于健康，还对二氧化硫有较强的抗性，对城市绿地和矿区空气净化具有重要价值[2]。海棠木质坚硬，可作木材用，也是苹果的优良砧木[3]，可嫁接苹果，同时也是培养食用菌的优质材料。海棠相关的多种产品具有食疗价值。苹果、食用菌所含的多种营养成分和矿物质有利于促进人体健康，其食疗价值已广为人知。同时，海棠是很好的蜜源植物，海棠花蜜属于蜜中上品，质地浓稠，口感香甜，极易结晶，具有美容养颜、安神定气、润肠通便等作用。海棠花还可作为酱、花饼等食品的原料，风味独特。

湖北海棠叶可以代茶饮用，所以湖北海棠又称茶海棠[4]。嫩叶经发酵制成茶，汤色金黄，口味甘甜，以其独特的解暑消渴作用深受喜爱。武陵山区习称林檎茶、花红茶、一匹罐、三匹罐等，山东称为平邑甜茶，具有多种食疗价值。

海棠果营养价值丰富，特别是近年培育的多个新品种，口感鲜美，胜过花红，可鲜食，也可经蒸煮糖渍后做蜜饯等食品，还可以代替山楂使用。海棠种仁富含油质，出油率可高达30%[5]，是优质食用油，还可作化工原料，也可用于制作美容护肤品和日化用品[6]。

海棠药食两用，叶、果、根都具有药用价值，有生津止渴、和胃健脾、消积化滞、解酒祛痰、舒筋止痛、利尿解毒等多种功效，是治疗消化系统、泌尿系统疾病的良药。对消化不良、肝郁胁痛，痞积气滞、肠炎泄泻、消渴、小便不利、痔疮等症具有良好的作用[7]。现代研究表明，海棠具有抗菌消炎、耐缺氧、抗疲劳、降血糖、降血脂、增强体质、调节内分泌等多种药理作用[8-10]。

第一章▸▸
海棠的食、药用概况

苹果属中的海棠是指除苹果以外的植物的总称。苹果原产于欧洲、中亚西亚和土耳其一带，十九世纪传入我国。海棠原产我国，因此，海棠的历史更悠久，海棠果与苹果非常相似，人们一般将果径大于5厘米的称苹果，果径小于等于5厘米的称海棠。通常苹果大、口感好，海棠果小，味道酸涩，所以海棠果渐渐少有人直接吃。但海棠的根系发达，抗性强，所以一般苹果树都是嫁接在海棠树上，这样更利于果树成长，也更增进了苹果与海棠的密切关系。海棠与苹果既有区别，又在营养价值和药用价值方面具有相似之处。

海棠与苹果中含有多种人体必需的营养物质，如糖类、多种维生素、有机酸矿物质、膳食纤维等，具有生津止渴、润肺除烦、健脾和胃、收敛止泻、养心益气等功效[7]，可补充人体营养需求，提高免疫力，帮助消化，调理代谢，还有益儿童生长发育，增强记忆。

根据文献记载，普遍认为现在的苹果属植物在古代药学著作称为“柰”“林檎”等。“柰”的药用记载始于《名医别录》，而林檎药用记载始于《千金食治》。据《食性本草》记载“林檎有三种：大长者为柰；圆者林檎，夏熟；小者味涩为梣，秋熟。”李时珍称“柰与林檎，一类二种也。树、实皆似林檎而大……”“林檎，即柰之小而圆者。其味酢者，即秋子也”。可见古代苹果属的多种植物并没有严格区分。苹果属的多种海棠果实具有药食两用的价值。同时，部分海棠的根、茎、叶、花多种部位也有药用价值。

由于古代对海棠种的记载常有混杂，有以海棠之名药用但不属于蔷薇科苹果属植物，也有不以海棠之名药用但属于蔷薇科苹果属的植物。常作药用的海棠有湖北海棠、花红、垂丝海棠、陇东海棠、西湖海棠、楸子、三叶海棠、滇池海棠等。

湖北海棠 主产于湖北、湖南、山东、江苏、陕西、山西、云南、贵州、甘肃等地。药用部位为叶、果、根[11,12]。夏、秋季采叶、根，秋季采果。《天目山药用植物志》记载，味酸，性平，具有消积化滞，和胃健脾功能，主治食积停滞，消化不良，痢疾，疳积等。根能活血通络，主治跌打损伤。

花红 又名林檎、来禽、文林果、花红果、五色柰等。主产于河北、河南、山东、山西、陕西、甘肃、湖北、四川、贵州、云南、内蒙古、辽宁、新疆等地[11]。药用记载始于《滇南本草》。药用部位为果、叶、根。秋季果实成熟时采摘，鲜用或晒干。味酸、甘，性温，具有下气宽胸、生津止渴、和中止痛功能，主治痰饮积食、胸膈痞满、消渴、霍乱、吐泻腹痛、痢疾、遗精等，但不宜多食，食多令人脉弱好睡，涩气易滋生痰邪。根全年可采，切片晒干，具有杀虫、止渴功能，主治蛔虫、绦虫、消渴。叶夏季摘，鲜用或晒干，具有泻火明目，杀虫解毒功能，主治眼目青盲，翳膜遮睛，小儿疥疮[13,14]。

垂丝海棠 各地均有栽培[11]。药用记载始于《本草纲目》。药用部位为花、果。花盛开时采，晒干。味淡苦，性平，具有调经和血功能，主治血崩。孕妇禁服。果实又名海红，秋季果实成熟时采摘，鲜用。味酸、甘，性平，具有涩肠止痢功能，主治泄泻、痢疾[13]。

棠梨木 又名毛山荆子，主产于内蒙古、山西、陕西、甘肃等地[11]。《长白山植物志》记载，药用部位为果实、叶、花、茎。夏、秋季采收，晒干。味酸，性平，具有和胃止吐、止泻功能，主治呕吐、泄泻[15]。

陇东海棠 主产于陕西、甘肃、河南、四川等地[11]。药用始载于《新华本草纲要》。药用部位为果实，又名甘肃海棠、大石枣、野海棠果。果实成熟时采，多鲜用。味酸，性平，具有健胃消积功能，主治食积不化[16]。

西府海棠 各地均有栽培[11]。药用始载于《饮膳正要》，药用部位为果实，又名海红、赤棠、海棠、海棠梨、棠蒸梨、小果海棠等。果实成熟时采，多鲜用。味酸，性平，具有涩肠止泄功能，主治泄泻、痢疾。

三叶海棠 分布于辽宁、陕西、甘肃、山东、浙江、江西、福建、湖北、湖南、广东、广西、四川、贵州等地[11]。药用始载于《新华本草纲要》。药用部位为果实，常代替山楂使用。又名山茶果、野黄子、山楂子。秋季果实成熟时采摘，鲜用或晒干。味酸，性温，具有消食健胃功能，主治饮食积滞。还可用于阳痿早泄、月经不调等症[16]。

滇池海棠 分布于四川、云南等地[11]。《全国中草药汇编》记载。药用部位为果实，常代山楂用。又名云南山楂。秋季果实成熟时采摘，鲜用或晒干。味酸、甘，性微温。具有健胃消积，行瘀定痛功能，主治饮食停滞，脘腹胀痛，痢疾，泄泻，疝气，产妇儿枕作痛[17]。

楸子 分布于辽宁、河北、山西、陕西、甘肃、山东、河南、云南等地[11]。药用始载于《食性本草》，药用部位为果实。又名海棠果。秋季果实成熟时采摘，鲜用。味酸、甘，性平。具有生津止渴、消食健脾功能，主治口渴、食积[13]。

台湾林檎 别名台湾海棠，分布于我国台湾、广西及越南、老挝等地[11]。药用始载于《新华本草纲要》，药用部位为果实、叶。果实，别名山楂、涩梨，成熟时采摘，鲜用或用沸水烫 10 分钟后，捞起切片，晒干。味甘、酸、涩，性温。具有健脾开胃、止泻功能，主治食积停滞、脘腹胀满、痢疾腹痛吐泻等症[16]。叶，别名涩梨叶，曾收录于《广西中药材标准》，夏、秋季采摘细枝及叶，晒干。味微甘、微苦，性平。具有祛暑化湿，开胃消积功能，主治暑湿厌食，食积不化。

尖嘴林檎 别名锐齿亚洲海棠，分布于安徽、浙江、江西、福建、湖南、广东、广西、云南等地[11]。药用部位为果实。成熟时采摘，鲜用或切片，晒干。味微酸、微涩，性微温。具有健脾消积功能，主治脾胃虚弱、食积停滞[13]。

海棠入药的主要部位为果和叶。不同品种的海棠果或叶具有相似的作用。海棠果常代山楂用。具有健脾开胃、生津止渴、涩肠止痢等基本功能。海棠叶具有和胃消食、泻火解毒、祛暑化湿等基本功能。

以海棠之名药用但不属于蔷薇科苹果属常见植物的有贴梗海棠、秋海棠、黄海棠、昆明山海棠等。

贴梗海棠[11] 虽然作为传统海棠的一种，但已从海棠中分离，属蔷薇科木瓜属植物。贴梗海棠的果实叫皱皮木瓜，是我国传统中药材和特有水果，具有很高的药用价值和食用价值。药用具有舒筋活络、化湿功能，具有强壮、兴奋、镇痛、保肝等作用，可用于中暑、霍乱转筋、脚气水肿、湿痹等症，对风湿关节痛具有特效[18]。木瓜果实营养极为丰富，鲜果含多种维生素、齐墩果酸等抗衰老物质，还含有丰富的有机酸、蛋白质及磷、铁、钙等元素；具特殊的清香果味，是水果加工的上乘原料，可用来制作果片、蜜饯、果酒、果醋等多种食品，风味独特，酸甜纯正，天然防腐，耐贮易运。

秋海棠 虽然名为海棠，但与海棠相差甚远。秋海棠为秋海棠科秋海棠属多年生草本植物，矮生、多花，是著名的观赏花卉。秋海棠的叶上面褐绿色，常有红晕，下面色淡，带紫红色，叶色柔媚。花粉红色，花形多姿[11]。常用于布置花坛和草坪边缘，也可点缀客厅、橱窗或装点家庭窗台、阳台、茶几，显得清新幽雅。

秋海棠花、叶、茎、根均可入药，具有健胃行血，消肿止痛，驱虫解毒等功效，可用于治疗胃痛，吐血、衄血、咳血、跌打损伤、赤白带下、月经不调等症。秋海棠有微毒，可引起皮肤瘙痒、呕吐、腹泻、咽喉肿痛、呼吸困难等症状[7]。

秀丽野海棠 别名野海棠、活血丹、大叶活血、金石榴[11]。虽然名为野海棠，却是野牡丹科野海棠属植物。根或全株入药，全年可采，洗净、晒干。具有祛风利湿、活血调经等功效，可用于治疗风湿痹痛、月经不调、白带、疝气、阳痿早泄等[7,13]。

黄海棠　为藤黄科金丝桃属植物，别名大叶金丝桃、湖南连翘、红旱莲等。黄海棠的花多而大[11]，色泽艳丽，观赏价值高，常作观赏植物用，已有多年栽培历史。全草入药，有活血调经、凉血止血、清热解毒、消肿止痛、止咳平喘等功效[11]。

第二章

湖北海棠的药理活性

湖北海棠系蔷薇科苹果属植物[11]，是我国的特有植物，用途广泛，备受关注。其嫩叶作为茶叶饮用已有千年历史，是夏季广为饮用的清凉饮料。卫生部2014年第20号公告批准湖北海棠（茶海棠）叶为新食品原料。湖北海棠药材质量标准2009年版起收载于《湖北省中药材质量标准》[12]，2012年收载于《山东中药材标准》，这是海棠入药的法定标准。因此，湖北海棠具有药食两用特性，有重要的研究利用价值。

湖北海棠原产于湖北西部，在鄂西山区有大面积天然原生湖北海棠林连片分布，资源储量大，可持续利用。湖北海棠1933年才由植物学家独立命名，在此之前，与花红等多个近缘种共称为林檎、花红、野海棠，所以武陵山区历来将湖北海棠茶习惯称为林檎茶、花红茶[11]。林檎最早的药用记载当推孙思邈的《千金要方》食治卷，它为林檎茶的应用奠定了基础。花红叶药用始载于《滇南本草》，具有“泻火明目、杀虫解毒”的功效。以湖北海棠之名入药始载于《新华本草纲要》。湖北海棠具有消食养胃、清热润肺、生津止渴、提神解乏、降压减肥等多种功效，常作为健胃消食药用[16]。现代科学研究表明，其主要成分根皮苷属二氢查尔酮苷，与其他黄酮类相比，被称为“少数黄酮类”[4,19]。根皮苷具有多种生物活性，如调节血压、血糖，心肌损伤保护作用及清除体内自由基等功效[8,20]，因其具有低毒的特点，使之在医学、化妆品、食品、植物组织培养等很多领域中得到广泛应用。

湖北海棠种内具有多种变种和亚种，如巴东海棠、平邑甜茶、南坪湖北海棠、万源海棠、威宁海棠、石屏野海棠、泰山海棠、石柱湖北海棠、芦氏海棠、栾川山定子、江北湖北海棠、师宗小海棠、盐源湖北海棠和马尔康湖北海棠等。

第一节

湖北海棠应用历史及特点

一、湖北海棠的应用历史

历史悠久：湖北海棠的应用最早可追溯到神农时代，可能是“神农得茶”中的一种。土家族地区至今仍流传“药王昏死茶露醒”的传说，其中的茶露即为湖北海棠叶上的露水。土家族没有自己的文字，无法考证“药王昏死茶露醒”传说形成的时间，但该传说可能在明代以前就已形成。土家先民尊称医德高尚、医术精湛的老药匠为“药王”或“药王菩萨”。关于“药王”的传说很多，“药王”为虎疗伤的传说便是经典之一。相传一日，药王到山中采药，一只白虎突然跑到他面前，张着口，药王大惊，说：“我一辈子为民治病，没做亏心事，今天你要吃我，请点头三下，若不吃我，请摇头三下。”老虎听后，便摇头三下，双目流泪，似在乞求解难。药王大胆走到老虎身边，见老虎被一块猪骨头卡住喉咙。药王便用了一点药，速将猪骨头从虎口中取出。老虎仍然不走，横身靠近药王。此时药王便明虎意，骑上虎背，白虎腾空而去，于是药王同白虎一道升天成佛。土家族人图腾崇拜白虎，也十分尊崇“药王”，因此，这一传说流传甚广。为了纪念“药王”，土家族早在明代就在多处修建了药王庙。由此可见“药王昏死茶露醒”的传说可能在明代以前就已形成。可以推测明代湖北海棠叶就已作茶饮用。《滇南本草》已将花红叶收为药物，《滇南本草》成书于1436年，说明湖北海棠叶至少已有近600年的应用史[21]。

别样茶：湖北海棠叶是一种“别样茶”，名为“花红茶”。在湖北、重庆、湖南、江西、陕西等地区常用，尤其是武陵山区家家户户必备的夏季消暑凉茶。茶对我国具有重要的经济、文化价值[4]。武陵山区山川雄奇秀丽，古迹文物甚多，处处是著名的旅游景区，但古代也是交通不便，经济欠发达的地区。粗茶淡饭养育了这里的人民。花红茶是一种粗茶，在当地与细茶也就是我们通常饮用的山茶科的茶具有同等重要的意义。这里的土家族具有十分浓厚的茶文化，常以茶为礼，给人贺喜叫“吃茶”，给人送的礼物都称“茶礼”。“施茶”是土家人一种良好习俗。

土家人心地善良，具有博爱精神，有以施茶积德行善的习俗。施茶是在稻场边放上一缸茶水，并放上杯子或碗，让过路人随意取用，解渴消暑。由于寻常人家施不起细茶，而花红茶资源丰富，易得易制，同时花红茶解渴消暑特别好，所以花红茶成了施茶的主要原料。这种施茶习俗形成了广泛的社会影响。《武汉市志》中载：“武汉人喜好喝茶，于是，小商贩在夏秋摆摊卖凉茶，商店设茶桶为顾客供茶，善堂搭棚施茶，供行人解渴消暑，此类所沏多为档次不高的花红茶。”[4]

秦巴山横亘我国中部，阻隔南北，武陵山斜卧秦巴山外，扼川鄂咽喉，两山一江对东西、南北交通和经济发展都造成了很大影响。唐代诗人李白曾写下“蜀道难，难于上青天”脍炙人口的诗句，可见这里山高路险，非同一般。长江水运对连通川鄂发挥了重要作用。但夏天长江三峡容易发洪水，船不敢冒险行走，商旅行人急于赶路，只能沿着江岸的小路跋山涉水。炎炎夏日，负重翻山越岭，个个都是汗流浃背。好在沿途有施茶点，花红茶优良的解渴消暑作用，给疲倦的行人留下深刻印象，因此，过往商人将其流传至重庆、武汉间的广大地区。

二、海棠茶的特点

隔夜不馊：“馊”是指食物因变质而发出酸臭味，造成馊的原因主要是由于微生物以及酶和环境中的理化因素。炎热夏日，普通茶水放置过夜会变色变质，甚至出现馊味，但海棠茶具有一定抑菌作用，同时具有良好的抗氧化作用[8]，可避免茶水变质和褐变，延长食用时间，因此海棠茶放置过夜颜色、口感不变，口感反而会更醇厚，所以有隔夜不馊之说。土家人往往头天晚上烧开水泡上一大罐海棠茶，供第二天全家人及过往行人喝。

半发酵、用量小：海棠茶制作方法简单，但工艺十分讲究。于端午节采摘叶片。端午节，土家族称端阳节。土家族的端阳节不只是五月初五，而是过三个端阳节，即五月初五的头端阳、五月十五的大端阳和五月二十五的末端阳，其中以五月十五的大端阳最为隆重，家家户户悬艾叶、菖蒲于门边，饮菖蒲、雄黄酒，以雄黄点小儿额头及手足心，传说可以辟瘟疫。粽子是端午节核心象征食品，但土家族端阳节不包粽子，而是有采百草煎汤洗澡的习俗，传闻可以避免疮疥。这种习俗衍生了用艾叶、大蒜杆、海棠茶熬水煮鸡蛋，剥开鸡蛋滚脸，可以起到止痒、美容的作用，进一步派生了用海棠茶煮茶叶蛋，代代相传，流传至今。土家族对自然观察细致，对植物采收时节把控严格。如对艾草利用有“头端阳的蒿，大端阳的艾，末端阳的草”的说法。海棠茶采摘没有采艾草的时间严格，端午节采摘海棠茶是指农历五月初五头端阳到入伏前的这段时间。采摘过早，茶水苦涩，采摘过晚，茶水清淡，而且作用欠佳。只有端阳节的茶，清洌甘甜，解渴消暑最佳，加工完后，正好酷夏使用。

海棠茶属半发酵茶，传统加工方法有“露法”“渥法”两种。露法发酵讲究日晒夜露，白天可晒到40℃左右，晚上再吸收水分，回润到一定湿度，如此反复。渥堆发酵是将海棠叶堆积到一定高度（通常在50厘米以上），上覆薄膜或麻布，在湿热作用下发酵，然后翻动，使边缘未发酵好的转至中间再发酵，待全部发酵好，再摊开晒干或烤干。但无论用什么方法发酵，都是酵母、曲霉等多种菌及酶与湿热共同作用的结果，因此受采收时间、温度、湿度、空气中微生物等多种因素影响[22]。

传统海棠茶外形粗放，但内在质量却要求很高。铜钱铁锈色，即叶正面为铁锈色，叶背面为铜钱色，是外在基本标准。海棠茶的茶汤颜色为金黄色，口感柔和淡香，清甜微苦。发酵过重，茶汤颜色偏红，甚至为红栗色，口感偏甜，甚至甜苦分离，层次分明，不能融为一体；发酵过轻，茶汤颜色偏绿红，甚至为黄绿色，口感偏苦，甚至苦涩交织，不能下咽。海棠茶消暑解渴，发酵不好反而会加重口干。因此，一定要注重发酵质量。

发酵引起了海棠茶内在成分变化，使主要成分根皮苷转化为根皮素、3-羟基根皮苷等，鞣质大幅度减少。关于海棠茶发酵后内在化学成分的相互关系和配比，目前还未有定论。

海棠茶又名一匹罐、三匹罐，无论一匹罐、三匹罐都说明茶叶用量小。一片茶叶就可泡一罐茶。传统方式是用陶罐冲泡，陶罐小的约100毫升，因此，一片海棠茶泡至100毫升水，是品定茶汤色、口感的基本量。

第二节 湖北海棠的主要活性成分

湖北海棠主要应用部位是叶，化学成分研究显示其主要成分为黄酮、多酚、三萜、甾体、木质素、挥发油、有机酸和多糖等，其中根皮苷为黄酮中的主要成分[16]。根皮苷是苹果属植物的代表性功能成分，为苹果多酚的主成分。湖北海棠中根皮苷含量受产地、采集时间、加工方式影响大，其含量可高达20%以上[23,24]。

已报道成分黄酮类15个，分别为根皮苷、3-羟基根皮苷、根皮素、根皮素-2′,4′-di-*O*-*β*-D-吡喃葡萄糖苷、金丝桃苷、异槲皮苷、木犀草苷、金鱼草素6-*O*-*β*-D-吡喃葡萄糖苷、萹蓄苷、山柰酚-3-*O*-*β*-葡萄糖苷、金合欢素、白杨素、槲皮素、木犀草素 5-*O*-*β*-D-吡喃葡萄糖苷、湖北海棠苷；酚酸类 10 个，分别为茶多酚、绿原酸、隐绿原酸、新绿原酸、原儿茶酸、咖啡酸、对羟基苯丙酸、3-*O*-对香豆酰基奎宁酸、3-[*p*-2′,4,4′,5-四羟基-6′-(*β*-D-吡喃葡萄糖基氧基)-(1,1′-联苯)-2-基]丙酸、3-[*m*-2′,4,4′,5-四羟基-6′-(*β*-D-吡喃葡萄糖基氧基)-(1,1′-联苯)-2-基]丙酸；三萜类 3 个，分别为齐墩果酸、2-*α*-羟基齐墩果酸、熊果酸；木质素类 1 个，为表松脂素 4-*O*-*β*-D-葡萄糖苷；甾体类 1 个，即胆甾醇；其他类 5 个，分别为顺式香豆酸、间苯三酚、3,4,-二羟基-3′-甲氧基苯丙酮、3-羟基-1-(4-羟基-3,5-二甲氧基苯)-1-丙酮、5,7-二色原酮[25-29]。主要化学结构见表 1。

湖北海棠不含咖啡因，含硒、铁、锌、锰、锶等微量元素，其中含铁量高，可作为补铁的一个良好来源。湖北西部富硒带生长的湖北海棠叶可达到富硒茶叶标准。

表 1　湖北海棠的主要化学结构

类别	名称	结构式
黄酮类	根皮苷	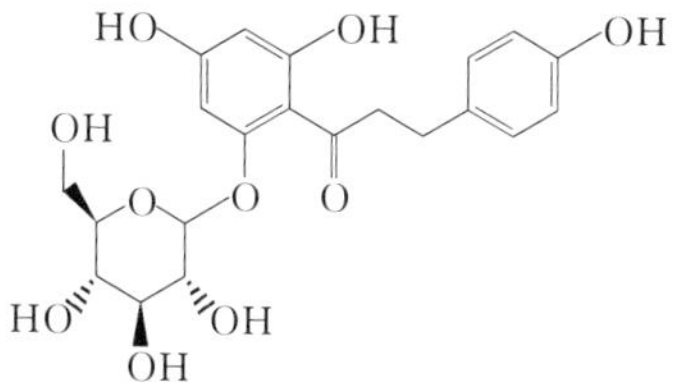
	3-羟基根皮苷	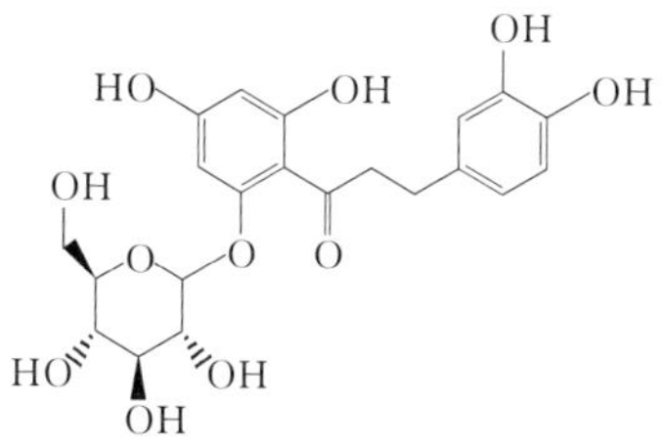
	根皮素	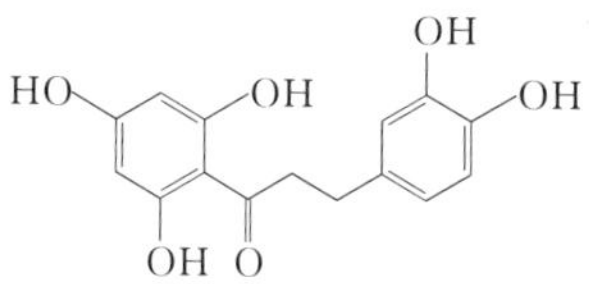

续表

类别	名称	结构式
黄酮类	根皮素-2′,4′-di-*O*-*β*-D-吡喃葡萄糖苷	
	金丝桃苷	
	异槲皮苷	
	木犀草苷	
	金鱼草素 6-*O*-*β*-D-吡喃葡萄糖苷	
	萹蓄苷	

续表

类别	名称	结构式
黄酮类	山柰酚-3-*O*-*β*-葡萄糖苷	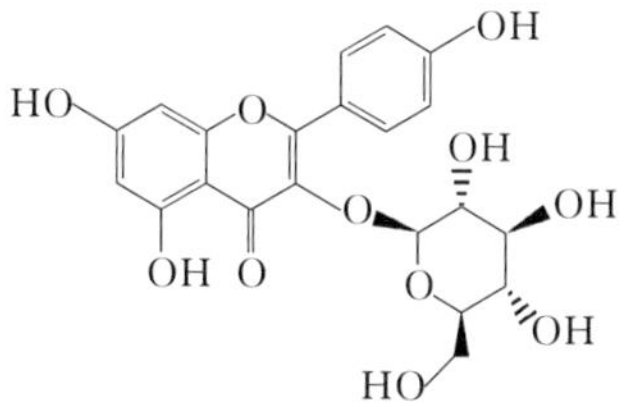
	金合欢素	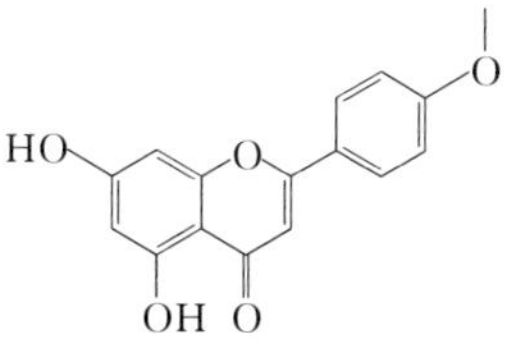
	白杨素	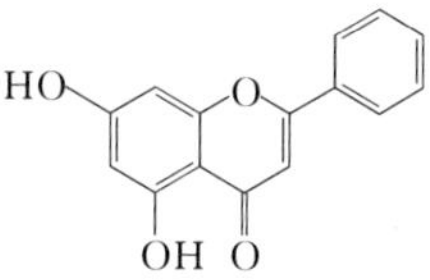
	槲皮素	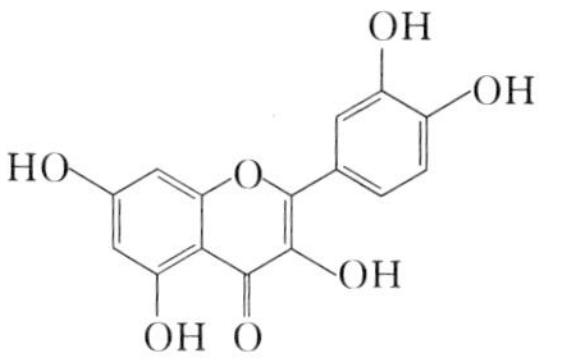
	木犀草素 5-*O*-*β*-D-吡喃葡萄糖苷	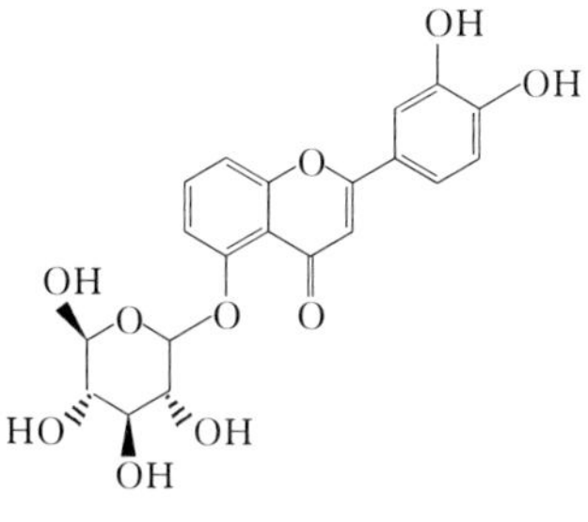
	湖北海棠苷	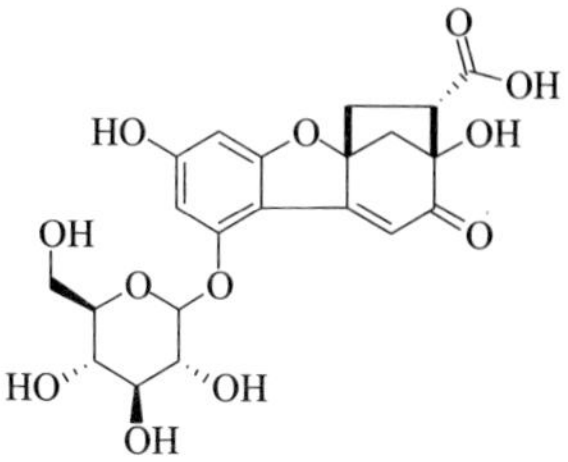

续表

类别	名称	结构式
酚酸类	茶多酚	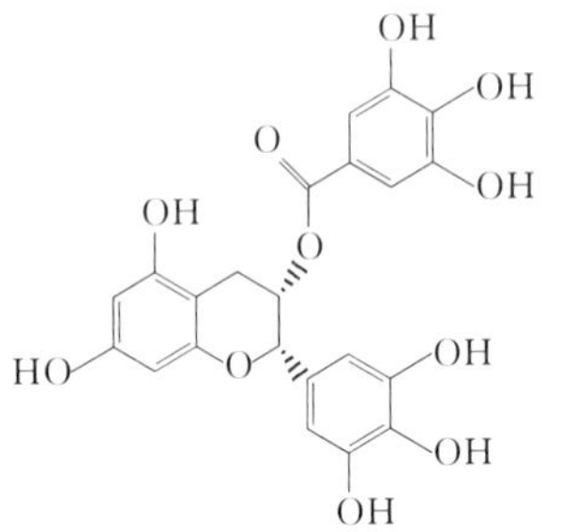 OH, OH, O, OH, OH, O, HO, O, OH, OH, OH
	绿原酸	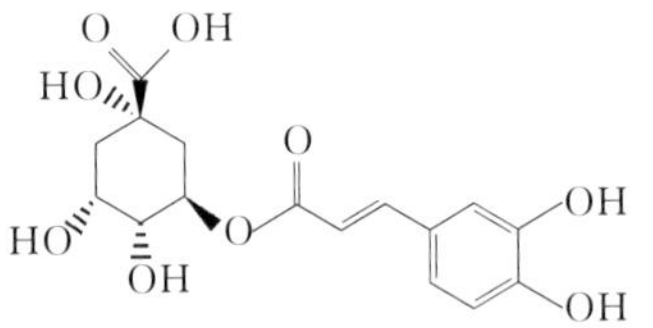 O, OH, HO, O, OH, HO, O, OH, OH
	隐绿原酸 （4-咖啡酰奎宁酸）	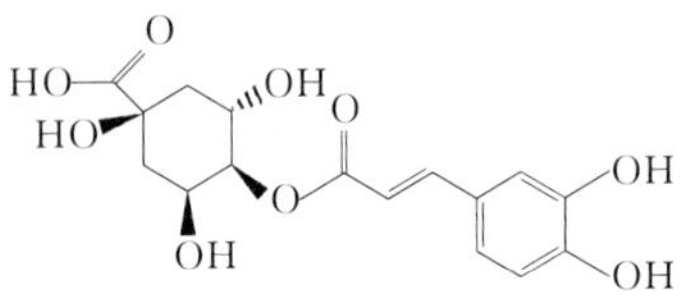 O, HO, OH, HO, O, OH, O, OH, OH
	新绿原酸 （5-咖啡酰奎尼酸， 5-咖啡酰奎宁酸）	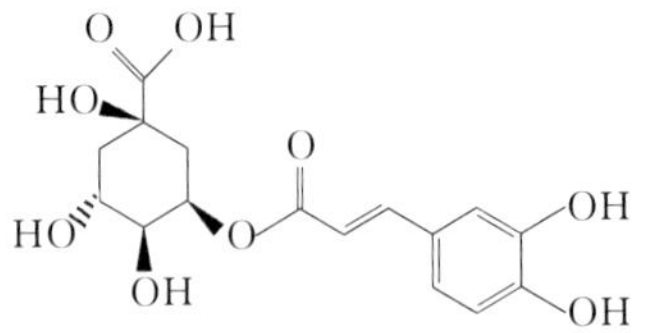 O, OH, HO, O, OH, HO, O, OH, OH
	原儿茶酸	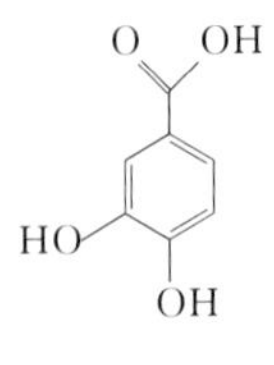 O, OH, HO, OH
	咖啡酸	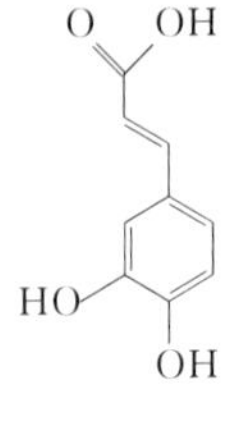 O, OH, HO, OH

续表

类别	名称	结构式
酚酸类	对羟基苯丙酸	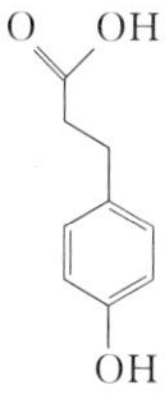
	3-O-对香豆酰基奎宁酸	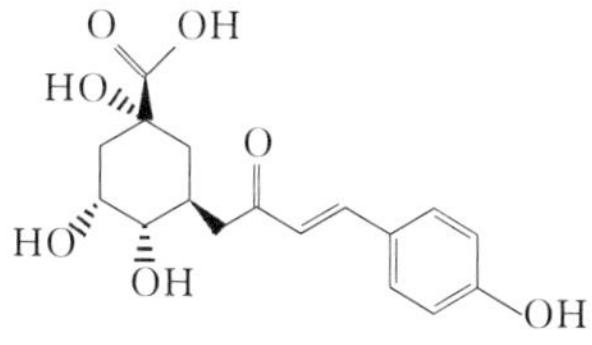
	3-[p-2′,4,4′,5-四羟基-6′-(β-D-吡喃葡萄糖基氧基)-(1,1′-联苯)-2-基]丙酸	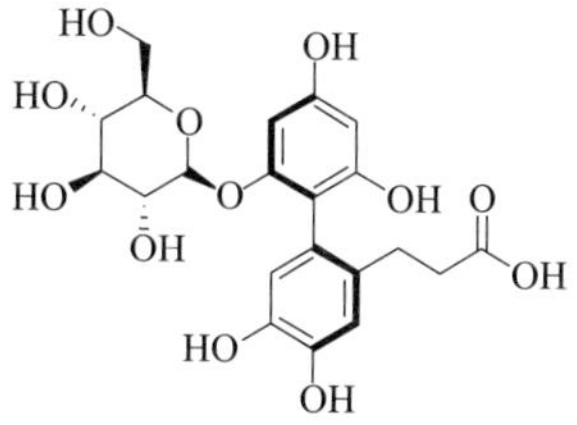
	3-[m-2′,4,4′,5-四羟基-6′-(β-D-吡喃葡萄糖基氧基)-(1,1′-联苯)-2-基]丙酸	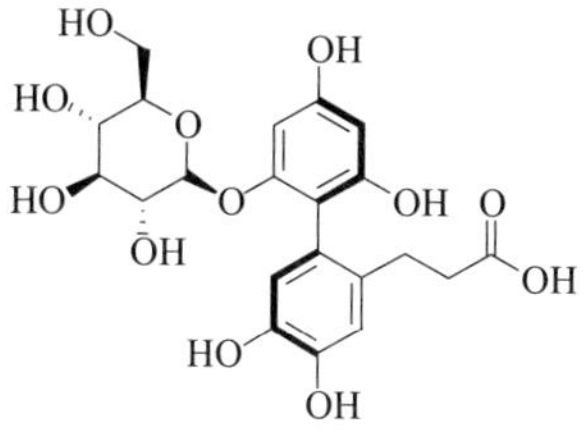
三萜类	齐墩果酸	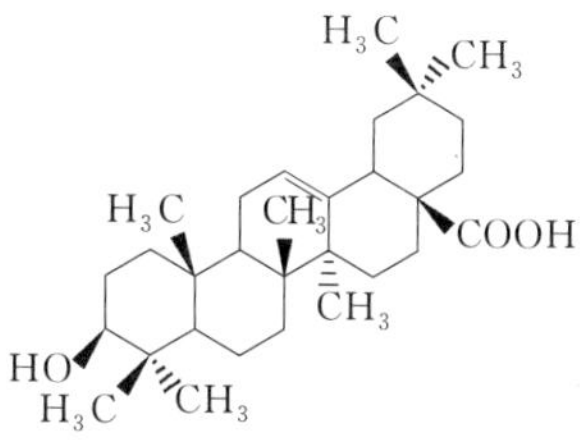
	2-α-羟基齐墩果酸	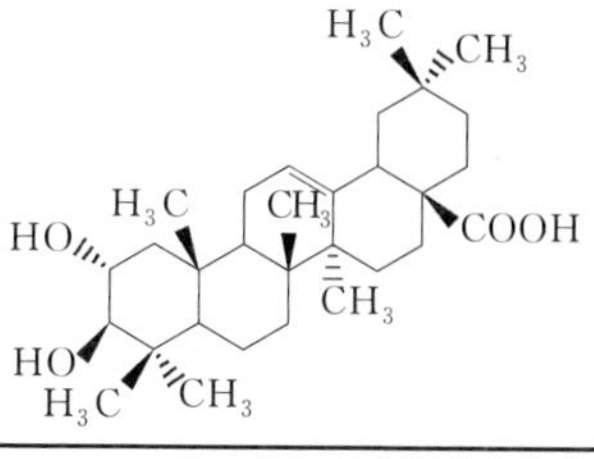

续表

类别	名称	结构式
三萜类	熊果酸	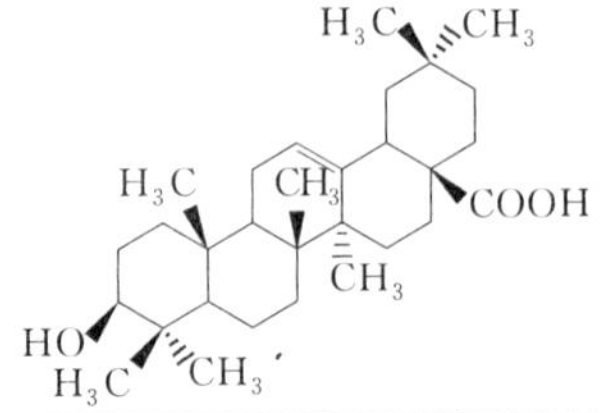 H_3C CH_3 H_3C CH_3 COOH CH_3 HO H_3C CH_3
木质素类	表松脂素 4-*O*-*β*-D-葡萄糖苷	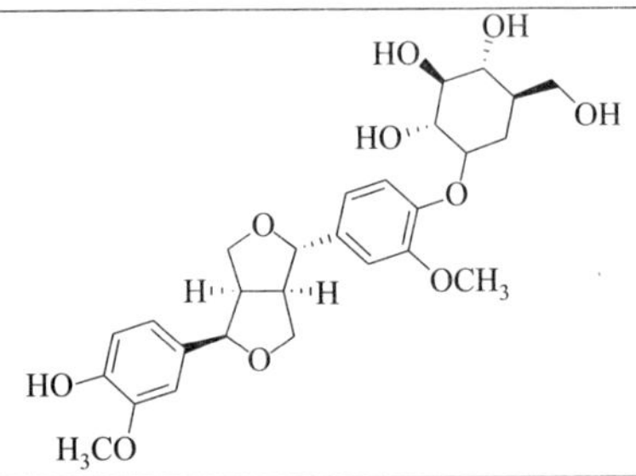 OH HO OH HO O O H H O OCH₃ HO H_3CO
甾体类	胆甾醇	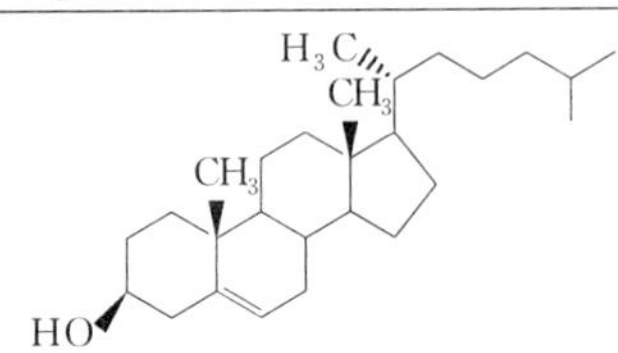 H_3C CH_3 CH_3 HO
其他类	顺式香豆酸	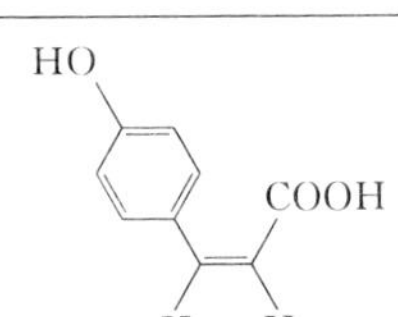 HO COOH H H
	间苯三酚	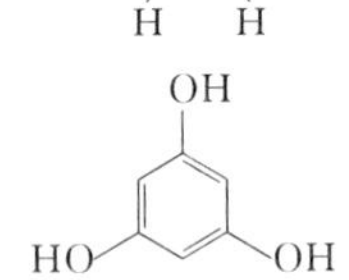 OH HO OH
	3,4,-二羟基-3′-甲氧基苯丙酮	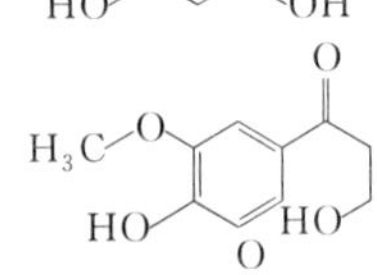 O H_3C O HO HO
	3-羟基-1-(4-羟基-3,5-二甲氧基苯)-1-丙酮	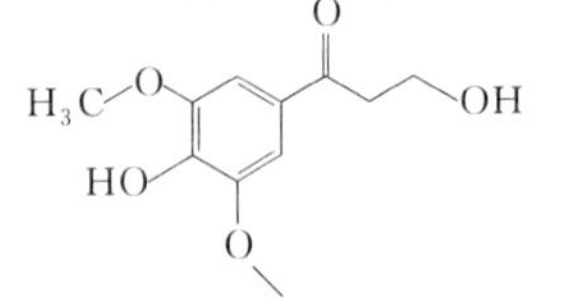 O H_3C O OH HO O
	5,7-二色原酮	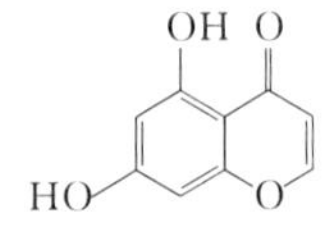 OH O HO O

第三节

湖北海棠保肝活性研究

湖北海棠具有保肝、抗氧化、降血压、降血脂、抑菌、抗肿瘤、平衡性激素和增强免疫力等多种作用，对维护健康具有重要意义[22]。保肝作用是湖北海棠最基本的作用。

一、肝功能

肝脏是人体新陈代谢的枢纽，也是人体最大的腺体，它担负消化、解毒和防御等多种功能，其主要功能包括：

（1）解毒功能。机体摄入的有毒物质和药物绝大部分在肝脏里被处理后变成无毒或低毒物质，随胆汁或尿液排出体外。如果有严重肝病时，如晚期肝硬化、重型肝炎，肝脏的解毒功能减退，体内有毒物质就会蓄积，对其他器官造成损害，同时还会进一步加重肝脏损害。

（2）代谢功能。肝脏对物质合成、分解和能量代谢过程都发挥重要作用。人每天摄入的食物中含有蛋白质、脂肪、糖类、维生素和矿物质等各种营养物质，经胃肠内消化吸收后都被送到肝脏，在肝脏里进行代谢，蛋白质分解为氨基酸，脂肪分解为脂肪酸，淀粉分解为葡萄糖，然后再次根据身体需要，在肝脏内被合成为新的蛋白质、脂肪和一些特殊的糖类及能量物质等。经过这个过程之后，摄入的营养物质变成了人体的一部分。如果肝脏受损，出现“怠工”或“罢工”，人体的营养就会缺乏甚至中断，从而影响人体各种生理功能甚至危及生命。

多种维生素，如维生素 A、维生素 B、维生素 C、维生素 D 和维生素 K 的合成与储存均与肝脏密切相关。肝脏明显受损时，可继发维生素A缺乏而出现夜盲或皮肤干燥综合征等。

肝脏参与激素的灭活。肝功能长期受损时可出现性激素失调，可能出现性欲减退，腋毛、阴毛稀少或脱落，阳痿，睾丸萎缩，男性乳房发育，女性月经不调，肝掌和蜘蛛痣等。

肝脏通过神经及体液的作用参与水的代谢过程，抵消脑下垂体后叶抗利尿激素的作用，以保持正常的排尿量。肝脏还有调酸碱平衡及矿物质代谢的作用。

（3）分泌胆汁。肝细胞生成和分泌胆汁，通过肝内胆小管汇集入胆管，经由肝管出肝，排泌并储存在胆囊，进食时胆囊会自动收缩，通过胆囊管和胆总管把胆汁排泄到小肠，以帮助食物消化吸收。肝脏24小时内制造胆汁约一升，如果肝内或肝外胆管发生堵塞，胆汁自然不能外排，蓄积在血液里，就会出现黄疸。

（4）造血、储血和调节循环血量。胚胎时期及新生儿时肝脏有造血功能。至成人后由骨髓取代，造血功能停止，但在某些病理情况下其造血功能可恢复。另外，几乎所有的凝血因子都由肝脏制造。在人体凝血和抗凝两个系统的动态平衡中，肝脏起着重要的调节作用。因此肝功能破坏的严重程度常与凝血障碍的程度相平行，肝功能衰竭者常有严重的出血。肝脏的血供十分丰富，血容量相应也很大。肝脏就像一个仓库，可以储藏血液，需要时可以供出一部分血液，调节循环血量，为其他器官所用。

（5）免疫防御功能。肝脏具有大量特殊巨噬细胞，称为肝巨噬细胞，是单核吞噬细胞系统的一部分，由血液单核细胞黏附于肝窦壁上分化而成。肝巨噬细胞既是肝脏的卫士，也是全身的保护神，能够吞噬、清除血液中的外来抗原、抗原-抗体复合物和细胞碎片等物质，或者经过初步处理后交给其他免疫细胞进一步清除。另外，肝脏里的淋巴细胞含量也很高，尤其是在有炎症反应时，血液或其他淋巴组织里的淋巴细胞会很快聚集到肝脏，解决炎症的问题。肝巨噬细胞与肝纤维化的发生与发展密切相关，肝纤维化是各种病因引起肝损伤后细胞外基质沉积或瘢痕形成的过程，可继发于病毒性肝炎、非酒精性脂肪肝、酒精性脂肪肝、胆汁性或自身免疫性肝病等多种肝脏疾病，可发展为肝硬化，甚至肝癌。肝巨噬细胞是肝纤维化过程中的主要调节细胞，巨噬细胞激活静息状态的肝星状细胞可促进肝纤维化形成，巨噬细胞使活化的肝星状细胞凋亡和纤维胶原降解则可逆转肝纤维化。因此，肝脏的免疫防御功能对维护人体正常的生理功能具有重要意义。

二、湖北海棠的保肝作用

湖北海棠对四氯化碳、酒精等各种原因引起的急、慢性肝损伤均具有保护作用，可用于酒精性和非酒精性肝损伤防治。其有效成分为总黄酮，多种黄酮类单体化合物均具有保肝作用。保肝机制可能与黄酮类化合物具有抗氧化能力，可清除自由基，抑制脂质过氧化，保护细胞膜免受损伤有关[30-32]。

多种因素如化学性毒素、药物、病原微生物、酒精等均可诱导肝损伤，引起脂肪肝、肝纤维化、肝硬化乃至肝癌等多种肝病。目前药物、病原微生物、酒精是诱导肝损伤最常见的三大因素，抗肝损伤药物的研制也是全球研究的热点。

1. 对药物性肝损伤的保护作用

药物性肝损伤是药物在使用过程中最重要的不良反应之一，已逐渐成为全球不容忽视的公共医药问题。各类处方和非处方的化学药物、生物制剂、中药、天然药物、保健品、膳食补充剂及其代谢产物等均可能诱发肝损伤。药物性肝损伤已经成为肝脏疾病中除病毒性肝病、脂肪肝外，发病率最高的肝病，如果不及时处置容易发展为肝衰竭，一旦发展为肝衰竭则病死率高，不仅医疗负担较为沉重，后果也十分严重。

药物性肝损伤常发生于中年人。一方面是由于中年人的人群基数较大，用药人数较多，由此导致发生肝损伤的风险大大增加；另一方面是中年人正好处于体内代谢及免疫失衡状态，由此增加了肝损伤发生的风险。

国内外有一千余种可致肝损伤的药物。主要有以下几类：抗感染类药物，如抗结核药物（利福平、异烟肼、吡嗪酰胺等），解热镇痛抗炎药（阿司匹林、双氯芬酸等），神经系统用药（氯丙嗪、奋乃静、阿米替林、丙戊酸钠等），消化系统用药（吗丁啉、奥美拉唑、西咪替丁等），心血管系统用药（阿托伐他汀、瑞舒伐他汀等），激素类药物（甲泼尼松、泼尼松、甲状腺素片等）[33]。中药虽然毒副作用少，但是有些中药（何首乌、淫羊藿、马兜铃、雷公藤、大黄、土三七）、中成药（壮骨关节丸、天麻丸、小柴胡汤等）在治疗慢性疾病，尤其是结核病、心血管系统疾病及肿瘤时可能会损害肝功能，应当定期监测肝功能。

实验证实，湖北海棠叶确能解乌头之毒，对抗结核药物利福平、异烟肼等引起的药物肝损伤有效。湖北海棠叶解毒的机制大致包含改善肝脏的代谢功能；加强药物代谢，利尿以加快药物及代谢物的排泄；抑制氧化应激，减少药物对体细胞的损伤[27,30-32]。

日常饮用海棠茶可防治药物性肝损伤，由于海棠茶可能影响药物代谢，建议海棠茶不宜与药物同时服用，特别是不宜用海棠茶水服药。服用明确有肝损伤的药物时，需与饮茶间隔 1 小时以上，以防治药物对肝脏的损伤，同时避免影响药效，日用量建议 5g 以下为宜。服用其他药物期间建议暂时停用海棠茶。

湖北海棠主要含有黄酮类化合物，这类化合物作为一类重要天然化合物，不仅在药物性肝损伤方面效果显著，还对酒精性肝损伤、免疫性肝损伤等作用明显。还可通过阻断亚硝胺类等有毒物质生成，加快黄曲霉素等有毒物质代谢，减轻有毒物质对肝细胞损伤，促进正常肝细胞再生，延缓肝损伤持续恶化导致的肝炎—肝纤维化—肝硬化—肝癌的病理进程，有助于各类肝病防治。

2. 对酒精性肝损伤的保护作用

酒精性肝病是指由于摄入过量酒精导致的肝脏损坏及其一系列病变。初期通常表现为脂肪肝，进而可发展成酒精性肝炎、酒精性肝纤维化、酒精性肝硬化。在严重酗酒时可诱发广泛肝细胞坏死甚或肝功能衰竭[34]。酒精性肝病主要与饮酒量、饮酒方式、性别、遗传、营养、肝炎病毒感染等有关。慢性酗酒是最常见的脂肪肝病因，虽然饮酒量与脂肪肝没有绝对的对应关系，但饮酒量越大，出现脂肪肝的概率越高，时间越短，如果饮酒量（纯酒精）每日 80～160g，连续 5 年，会引起脂肪肝，若每天饮酒量为 300g，则 8 天后就可出现脂肪肝。但在我国人们大量饮酒的同时，常常伴有高热量、高脂饮食，这样也会增加产生酒精性肝病的风险。如果有病毒感染，病毒与酒精的肝毒性可产生协同效应，加速肝脏病变，如丙肝病毒感染者，即使每天摄入 50 g 正常量的酒精，也会加速肝纤维化的进程[34]。

酒精性肝病的发病因素单一，即与长期过度饮酒有关，但由于它的发病机制较复杂，酒精性肝病的发展可能由多种因素导致，因此到目前为止还不完全清楚它的发病机制。目前大部分研究认为其发病机制主要与以下几方面有关：酒精及其代谢产物对肝脏的损伤，氧化应激及脂质过氧化反应，肠源性内毒素血症和细胞炎性因子作用，其他如局部组织缺氧、细胞凋亡、内质网应激和表观遗传学等。虽然近年来在酒精性肝病发病的分子机制研究方面取得了突破性的进展，但针对治疗酒精性肝病有效措施的研究尚未有所发展，人们至今还不能有效地防治酒精性肝病。目前有关酒精性肝病的临床治疗主要采取戒酒、营养支持和对症治疗等综合疗法，药物治疗以糖皮质激素、S-腺苷基甲硫氨酸、超氧化物歧化酶、谷胱甘肽、水飞蓟素等为主。中药防治酒精性肝病优势明显，内涵丰富。

我国用于解酒的中药较多。葛花、枳椇子、栀子等可减轻酒精性中毒的临床表现，降低血液中乙醇的浓度，黄芩、郁金、五味子、丹参、当归、赤芍等具有保肝降酶，改善肝脏循环，防止肝细胞变性坏死以及抗肝纤维化等作用，有助于治疗酒精性肝纤维化[35]。

湖北海棠解酒作用良好。饮酒前后喝海棠茶可减轻酒精对肝细胞的损伤，加速酒精的代谢及排泄，降低血液中乙醇的浓度，防治脂肪肝。其机制主要包含抑制氧化应激，改善脂质代谢，减轻线粒体损伤等。肝损伤致病机制复杂，涉及的靶点众多，对于海棠茶防治肝损伤的具体信号通路及靶点还在进一步研究中。

海棠茶中根皮苷等多种成分具有良好的抗氧化作用，能减少氧自由基对肝细胞的损伤，保护肝细胞，维护肝功能，抑制脂质过氧化物，减轻肝细胞脂肪变性，有助于防治酒精性及非酒精性脂肪肝[36,37]。线粒体功能障碍是肝细胞损伤的一个重要机制，自由基可损伤线粒体，导致线粒体水肿、脱颗粒、ATP合成减少。海棠茶能通过清除自由基、抑制脂质过氧化，保护细胞膜和线粒体膜的完整性，减轻线粒体损伤[43]。海棠茶还能改善肝脏微循环，抑制肝星状细胞（HSC）活化和增殖，减少胶原合成和分泌，促进肝纤维化溶解重吸收，抑制脂肪肝向肝纤维化转化[38-40]。

另外，海棠茶中根皮苷等多种成分具有降血脂活性，无论是高脂饮食，还是其他原因诱导的高血脂，海棠茶均能降低总胆固醇、甘油三酯、低密度脂蛋白，升高高密度脂蛋白含量。因此，常饮海棠茶可防治肥胖，调脂塑身。根皮苷已被用于减肥食品中。根皮苷降脂机制可能与mTOR/SREBP-1、p38MAPK等脂代谢的多条信号通路相关，从而抑制脂肪合成，阻止脂肪在肝脏、腹部中的堆积，促进脂肪酸的β氧化，影响甘油三酯转运，加快脂肪代谢[41]。

3. 降糖作用

糖尿病是一种血糖浓度持续异常升高的代谢性疾病，随着我国人民的生活质量日益提高，糖尿病的患病率也呈现了不断提升的态势。有关数据显示，预计到2040年我国的糖尿病患者将会激增到1.5亿，更为严重的是，我国约60%的糖尿病患者不知道自己已经患有糖尿病。即使已接受治疗，其控制状态也不是很理想。

人体保持血糖浓度的相对恒定是神经系统、激素及组织器官共同调节的结果。神经系统主要通过下丘脑和自主神经系统调节胰岛素、胰高血糖素、肾上腺素、糖皮质激素、生长激素及甲状腺激素相关激素的分泌，协同激素对血糖浓度的调节，维持血糖浓度的恒定。肝脏是调节血糖浓度最主要的器官，当血糖浓度过高时，肝细胞膜上的葡萄糖转运体2快速摄取过多的葡萄糖进入肝细胞，通过合成肝糖原以降低血糖浓度；血糖浓度过高还会刺激胰岛素分泌，导致肝脏、肌肉和脂肪组织细胞膜上葡萄糖转运体4的量迅速增加，加快对血液中葡萄糖的吸收，合成肌糖原或转变成脂肪储存起来。当血糖浓度偏低时，肝脏则通过糖原分解及糖异生升高血糖浓度。

肝脏是脂肪代谢的主要场所，任何引起肝细胞脂肪合成能力增加和（或）转运入血能力下降的原因，都可使脂类物质在肝脏蓄积而诱发脂肪肝。脂肪代谢异常也会影响糖代谢。研究发现：mTOR/SREBP-1是脂代谢主要信号通路之一，其中mTOR信号缺陷会导致体内脂肪减少，促使肝脏糖异生和糖原分解，导致血糖升高等，而SREBP-1过表达及活性升高可损害肝脏处理葡萄糖的能力，导致胰岛素抵抗[42]。

同时，糖尿病病人更容易得脂肪肝。糖尿病患者体内的葡萄糖和脂肪酸不能被很好利用，脂蛋白合成出现障碍，致使大多数葡萄糖和脂肪酸在肝脏内转变成脂肪，存积在肝内导致脂肪肝，进一步诱发或加剧胰岛素抵抗和体内糖代谢紊乱，引发肝脏的脂代谢紊乱，从而出现明显的肝细胞损伤，导致高血压、冠心病、高脂血症等心脑血管病。鉴于脂代谢、糖代谢的相互影响，我们一并介绍海棠茶的降糖作用。

海棠茶对肾上腺素及四氧嘧啶等不同原因所致的高血糖动物模型的血糖均有明显的降低作用，并且作用缓和，效果持久，这可能是其清凉解渴的主要原因。临床观察表明，在2型糖尿病的治疗中，使用海棠茶后症状明显改善。研究表明，湖北海棠叶中的黄酮类化合物为其降血糖的主要有效成分[9]，其中对二氢查尔酮类的化合物根皮苷降血糖的作用研究较多。

根皮苷能竞争性地抑制钠-葡萄糖协同转运蛋白 2（SGLT2）。SGLT2 抑制剂可以抑制肾脏对葡萄糖的重吸收，使过量的葡萄糖从尿液中排出，降低血糖而不依赖胰岛素分泌，为糖尿病的治疗提供了一条新的途径，成为降糖药物研究的热点。

海棠茶具有减肥作用，除与降脂作用有关，还与降糖作用关系密切。海棠茶中根皮苷抑制 SGLT2，导致的尿糖排泄增加在肾小管中产生渗透性利尿作用，由其引起的水分丢失可产生减重效果，且水分的减少主要以细胞外液的降低为主，其次尿糖增多，大量葡萄糖随尿液排出导致热量丢失直接促进了体重下降[43,44]。长时间饮用海棠茶可引起身体水分和脂肪显著减少。同时，糖尿病病人饮用海棠茶，可减少每日胰岛素用量，胰岛素可导致体重增加，减少胰岛素的用量，可间接避免体重增加。

糖尿病病人饮用海棠茶，有助于防治糖尿病并发症。海棠茶中根皮苷等成分能减少人体内源性胆固醇的合成，促进胆固醇转化为胆汁酸，进而促进胆固醇的排泄，还能改善血管内皮功能，进而保护心、脑、肾、胃肠道等血管活性[45]。

糖尿病病人经常饮用海棠茶，对预防糖尿病视网膜病变具有帮助，海棠茶中根皮素等成分对视网膜具有保护作用，根皮素能抑制 GLUT1，而 GLUT1 是葡萄糖通过血液-视网膜屏障的唯一载体，抑制 GLUT1 能限制葡萄糖进入视网膜，减少视网膜局部含糖量，从而对光感受器视杆细胞的功能和形态均产生保护作用，预防糖尿病视网膜病变[46]。

此外，海棠茶中根皮苷等成分具有保护皮肤、抑菌等作用，对防治糖尿病足也有一定积极作用。

海棠茶作茶饮用目前没有增加低血糖风险的报道，但低血糖人群或与其他种类降糖药联用时应留意可能增加低血糖风险。另外 1 型糖尿病患者饮用时应注意酮症酸中毒的可能风险。

海棠茶饮用能增加食欲，出现代偿性进食增加，可能影响效果，与食欲抑制剂联用，可以达到更好的治疗效果。

海棠茶降低血糖，并不引起疲劳，相反抗运动疲劳效果良好。力竭运动时机体产生大量的自由基，影响内环境，损伤脏器、细胞膜，发生代谢异常，同时，脑内 NO 明显上升，产生神经毒性作用，诱发运动疲劳。海棠茶能清除体外氧自由基，加快血尿素氮、血乳酸和丙二醛的清除，升高血清游离脂肪酸含量，抑制运动后的脂质过氧化，保护肝脏、心肌、骨骼肌等组织[47]，下调大脑内 NO 含量，达到抗疲劳效果。

第四节

湖北海棠雌激素样活性研究

雌激素对女性一生非常重要，它不仅主导女性第二性征的发育和成熟，控制女性的月经、生育等生命周期，维护女性特有丰满体态及美丽，还与女性一生的健康息息相关，神经系统、心血管系统、骨骼、泌尿系统等体内很多组织器官都是雌激素作用的靶器官，这些组织器官的正常工作都离不开雌激素。因此，雌激素决定了女性的一生，雌激素在女性一生中的巨大作用是任何激素都不能替代的。当雌激素水平正常时，女性就能保持特有的青春和健康，而雌激素过少或过多都容易引发各种疾病。与雌激素相关的疾病可多达一百多种。

天然存在的雌激素主要为雌二醇，还包括雌酮及雌三醇，雌二醇作用强，雌三醇活性很弱。雌激素主要由卵巢产生，肝脏、睾丸、肾上腺、乳房也可少量分泌雌激素，怀孕时胎盘也可大量分泌雌激素。雌激素在肝脏中灭活。

雌激素有多种生理作用，对女性而言主要包括：

（1）刺激女性生殖器官发育并维持女性第二性征。雌激素促进卵巢、子宫、阴道、输卵管发育，使子宫内膜增生，而产生月经。雌激素直接和间接影响卵巢功能，参与卵泡发育各个环节调节，并随着卵巢的周期变化其分泌也发生周期性变化。卵泡刚开始发育时，雌激素的分泌量很少，随着卵泡渐趋成熟，雌激素的分泌也逐渐增加，于排卵前形成一高峰，排卵后分泌稍减少，在排卵后黄体成熟时，形成又一高峰；黄体萎缩时，雌激素水平急剧下降，在月经前达到最低水平。雌激素能加速卵子在输卵管的运行速度。适量的雌激素为胚泡着床所必需。雌激素促进子宫内膜的增生和修复，增加子宫肌层的血液供应，刺激子宫平滑肌的增生。雌激素刺激女性外生殖器、阴道、子宫等附性器官的发育、成熟，并可促使阴道上皮细胞分化和角质化，增加上皮细胞内的糖原及糖原分解，保持阴道酸性环境，以提高其抗菌能力。雌激素可以使皮肤保持水分，使皮肤柔嫩、细致，使乳腺发达、产生乳晕，并将脂肪选择性地集中在乳房、腹部、大腿、臀部，使女性的身材优美且有曲线，产生并维持女性的第二性征。

（2）调节代谢。雌激素对脂质、蛋白质、糖代谢均有影响。雌激素可降低总胆固醇、低密度脂蛋白和甘油三酯，升高高密度脂蛋白。雌激素可以促进蛋白质分解，同时也可以增加肝脏对蛋白质的同化作用，刺激多种血浆蛋白的合成。雌激素也影响糖代谢，但雌激素可与其他激素共同影响糖代谢水平，机制相对复杂。

（3）促进骨骼的生长发育。雌激素有促进骨质致密的作用，能使骨骺提早闭合和骨化而影响骨的长度增加，防治骨质疏松。

（4）保护心血管系统。雌激素通过降低血清胆固醇，保护血管内皮细胞，降低血管通透性，调节平滑肌细胞功能，抑制心肌细胞凋亡，保存心肌收缩力等多种途径对心血管系统发挥保护作用。

（5）保护神经系统。雌激素可通过多种机制保护神经系统功能。雌激素在中枢神经系统的神经保护作用大多通过与其受体结合发挥直接作用，还可以通过中枢胆碱能神经、抗线粒体氧化以及抑制谷氨酸中毒等途径，对神经元的营养、代谢及功能进行调节。雌激素水平异常可影响认知、记忆等功能，引起情绪波动，甚至引起阿尔茨海默病、脑梗死、更年期抑郁症以及帕金森病等多种中枢神经系统疾病。

一、植物雌激素

植物雌激素广泛存在于豆类、谷类、水果、蔬菜等300多种植物中。它与内源性雌二醇结构类似，含有杂环酚羟基。根据其化学结构主要分为4大类：黄酮类（包括黄酮、异黄酮、黄酮醇、二氢黄酮、查耳酮等，其中以异黄酮类为主）[48]，香豆素类[48]，木脂素类和二苯乙烯类[49]。此外，还有醌类、三萜类、甾醇类以及真菌雌激素类等[50]。

植物雌激素能与雌激素受体结合，从而产生雌激素样或抗雌激素活性效应，发挥以下药理作用：调节骨代谢与脂代谢[51]，如大豆异黄酮等能促进骨痂生成，增加骨小梁面积，改善骨的力学性能，提高血清钙、磷、碱性磷酸酶浓度，具有促进骨折愈合作用[51,52]；神经保护作用[53,54]，植物雌激素可通过抗氧化，减缓内质网应激，调节自噬，抑制炎症反应等机制发挥神经保护作用，对脑卒中、阿尔茨海默病等疾病及衰老有一定防治作用；心血管保护作用[53]，植物雌激素可发挥心脏保护作用，有效降低心血管疾病的发生率，如大豆异黄酮、槲皮素、丹参酮ⅡA、白藜芦醇等可有效降低心肌缺血再灌注损伤；抗肿瘤作用[55-58]，黄酮类植物雌激素可显著抑制乳腺癌细胞的增殖，对子宫内膜癌、食管癌、结肠癌等多种肿瘤细胞的增殖也具有抑制作用。此外，植物雌激素还具有抑菌、抗病毒、增强机体免疫力等多种作用。

二、湖北海棠的雌激素样活性

1. 缓解围绝经期症状

体内外实验表明，湖北海棠提取物及主要成分根皮苷具有选择性雌激素受体调节剂特征。当雌激素缺乏时，不仅直接具有雌激素样作用，还能促进机体内源性雌激素分泌，增加血液中的雌激素含量，促进子宫内膜的增生和修复，提高子宫系数，改善子宫肌层的血液供应。当体内雌激素浓度过高时，湖北海棠提取物及主要成分根皮苷具有抗雌激素作用，能有效抑制乳腺增生，防止乳腺癌的发生。另外，对肺癌、结肠癌也能有效防治，还对抗肿瘤药物有协同作用。

湖北海棠中根皮苷、根皮素、3-羟基根皮苷等多种成分能与雌激素受体结合，其中与β受体的结合能力大于与α受体。有效成分与雌激素受体结合后，启动细胞内的信号转导，从而发挥雌激素双向调节作用。通过内分泌、代谢功能调节，临床观察显示，湖北海棠提取物及主要成分根皮苷能有效缓解围绝经期症状。如调节成骨细胞和破骨细胞功能，改善骨代谢，明显促进成骨细胞增殖，提高成骨细胞活性，降低破骨细胞活性；减少钙磷流失，防治骨质疏松。湖北海棠含植物雌激素，是治疗围绝经期综合征，预防雌激素依赖性疾病如乳腺癌、子宫内膜异位症等的物质基础[59-61]。

海棠茶作为日常饮品，方便实用，是一种良好的植物雌激素食品。是否所有人都可以长期食用是人们关心的主要焦点。长期食用虽然未发现不良反应，但也没有孕妇、哺乳期妇女及婴幼儿食用安全的研究报道。植物雌激素与女童乳房发育、性早熟之间是否有关联也需要深入研究。因此，为了绝对安全，卫生部在批准湖北海棠（茶海棠）叶为新食品原料时注明：孕妇、哺乳期妇女及婴幼儿不宜食用。

有研究植物雌激素葛根素对妊娠期母鼠及子代小鼠均无明显不良影响，不存在明显的胚胎-胎仔发育毒性。但人类激素内环境远比动物复杂得多，植物雌激素葛根素对孕妇、哺乳期妇女及婴幼儿的安全性受到用量、持续时间、机体内复杂的生理状态等因素的影响，所以对这类人群的安全性还需要大量的实验证实。

饮用海棠茶是否影响雄激素水平是人们关心的另一个重点。有研究表明，健康男性补充大豆异黄酮 3 个月后，血清中性激素结合蛋白显著升高，同时游离睾酮和二氢睾酮水平降低。另外，大豆异黄酮通过S期激酶相关蛋白降解雄激素受体，从而影响雄激素效应，抑制前列腺癌生长。但并非所有的植物雌激素都有抗雄激素样作用。研究发现，总异黄酮一般没有降低雄激素风险。观察表明健康男性饮海棠茶能改善雄激素效应。一方面可能是海棠茶中多种物质相互作用的结果，另一方面是保肝作用的响应。肝脏是性激素代谢的主要脏器之一。中老年男性存在不同程度的睾酮缺乏，睾酮水平低下与中老年男性超重或肥胖、血脂紊乱、高血糖、胰岛素抵抗等代谢紊乱密切相关。由于患有脂肪肝的中老年男性越来越多，中老年男性低睾酮状态影响脂质的正常分布，血管内皮细胞脂肪沉积引起动脉粥样硬化，促进中老年男性动脉粥样硬化性心脑血管疾病的发生，形成不良循环。饮海棠茶，保肝降脂，对缓解物质代谢、性激素代谢紊乱具有明显作用。

2. 美容抗衰

湖北海棠中根皮苷、根皮素、3-羟基根皮苷等多种成分具有抗氧化活性。通过升高CAT、SOD等机制对抗体内自由基，有助于防治多种退行性疾病以及衰老。同时，湖北海棠中根皮苷、根皮素、熊果酸是天然美白剂，根皮苷水解产生根皮素，根皮素、熊果酸均能竞争性地抑制酪氨酸酶的生物活性，通过影响黑色素的合成从而达到美白的效果，根皮苷与已经上市的美白产品曲酸相比，抑制黑色素的效果更佳。此外，根皮苷还能有效阻碍紫外线对人体皮肤的伤害。因此，根皮苷作为美白和抗衰老的天然原料，在国际上需求量大，应用广泛。根皮苷具有多种生物活性，在医药、美容、农业等多个领域都具有潜在的开发利用价值[62]。

根皮苷、根皮素被广泛用于化妆品中，除了美白之外，还具有以下多种作用：

（1）抗炎作用。近几年来，敏感性皮肤发生率不断增多，脂溢性皮炎、痤疮、口周皮炎、特应性皮炎等皮肤疾病常与敏感性皮肤有关，经常出现过敏性皮炎，化妆品行业对敏感皮肤的关注度逐渐上升。根皮素不仅具有抗氧化作用，还具有抗炎活性，在祛痘类化妆品及舒敏型化妆品中具有广泛的应用价值[73]。

（2）防紫外线损伤。随着全球变暖及臭氧层破坏日益严重，到达地面的紫外线辐射强度增强，紫外线照射可使细胞产生活性氧和自由基，容易发生一系列氧化连锁反应，最终伤害细胞，造成日光性皮炎，甚至皮肤癌。因此，皮肤防晒已引起人们广泛关注，防晒化妆品市场需求也逐渐增加。目前，防晒化妆品中常用的物理防晒剂容易堵塞毛孔，而化学防晒剂又存在光稳定性差、易氧化变质和引起皮肤过敏等问题，因此，天然防晒剂备受青睐。根皮素既抗氧化又能吸收紫外线，在防晒化妆品中应用良好[73]。

（3）促进透皮吸收。化妆品中大部分功效成分需要穿透角质层作用于靶细胞才能发挥作用。美白祛斑产品中的酪氨酸酶抑制剂必须要渗透到基底层，延缓衰老的活性成分必须要渗透到真皮层。角质细胞与细胞间脂质成为化妆品中活性成分渗透的重要防线，因此，添加促透皮吸收剂对提高化妆品的效果具有重要作用。根皮素是亲脂性化合物，具有良好的透皮性能，可经由细胞间脂质渗入皮肤。根皮素可以改变细胞膜的通透性，可作为促透皮吸收剂添加到化妆品中，促进活性成分的透皮吸收，使其发挥更好的功效。不仅如此，根皮素还作为渗透增强剂被广泛应用于局部透皮给药的药物制剂中[62]。

（4）抑菌作用。抑菌剂是化妆品安全的重要保证。由于化妆品准用防腐剂的要求越来越高，使化妆品准用抑菌剂种类减少，新型、安全的抑菌剂成为化妆品的重要需求。根皮素是具有抑菌活性，对革兰阳性菌具有较强的抑制作用，尤其是对金黄色葡萄球菌、李斯特菌和鼠伤寒沙门菌。它可作用于细菌的酶系统，影响其能量代谢及氧化损伤修复，干扰其蛋白质的合成，导致细菌死亡。根皮素可作为一种新型天然抑菌剂添加到化妆品中以替代或部分替代化学防腐剂。根皮素对痤疮丙酸杆菌具有抑菌作用，能缓解痤疮等皮肤问题，受试者使用根皮素4周后白头粉刺、黑头粉刺、丘疹及皮脂分泌等均有显著的改善，表明根皮素可作为功效原料添加到祛痘化妆品中[63,64]。

（5）保湿作用。水分对皮肤健康至关重要，保水、保湿成为化妆品基本功效需求。皮肤角质层正常含水量应保持在10%～30%之间，低于10%皮肤就会干燥、失去弹性、起皱，加速皮肤老化进程。多元醇类为传统的化妆品保湿剂，近年来发现植物来源的多糖、多酚等含羟基、羧基等极性基团的化合物也具有保湿作用。根皮素分子中含有的4个羟基，可与水分子形成氢键，吸收水分，具有保湿功效。因此，根皮素可作为天然保湿剂应用于化妆品中[65]。

（6）预防脱发。现代生活节奏快，人们生活压力大，脱发问题困扰着许多人，因此，防脱发产品需求量大。引起脱发的原因很多，其中大豆脂肪氧合酶是影响脱发的重要因素之一，大豆脂肪氧合酶是脂质氧化过程中的一个重要酶，并参与皮肤的炎症反应过程，根皮素可以抑制大豆脂肪氧合酶活性，从而减少毛发因早衰而脱落，可用于防脱发产品中[65]。

第五节
湖北海棠抗病毒活性研究

病毒是一种具有高度传染性的病原体，严重危害人类健康。据不完全统计，约75%流行性传染病是由病毒感染引起的。目前抗病毒药物种类有限且有一定副作用，同时，病毒容易发生变异，经常出现新型变异毒株及耐药毒株。因此，高效低毒、抗耐药病毒的抗病毒药物的研究成为关注的热点。中药在抗病毒方面具有多组分、多途径、多靶点的作用特点，不易产生耐药性，优势明显。湖北海棠中多种成分具有抗病毒作用，黄酮类成分对流感病毒、乙肝病毒、柯萨奇病毒等多种病毒具有抑制作用。如木犀草苷具有很强的抗呼吸道合胞体病毒、流感病毒的活性[66]。同时能够抑制单纯疱疹病毒、新城疫病毒、人巨细胞病毒等。槲皮素对疱疹病毒、流感病毒等具有抑制作用[67]。齐墩果酸、熊果酸具有抗乙肝病毒、人类免疫缺陷病毒、巨细胞病毒、单纯疱疹病毒、腺病毒、柯萨奇病毒、流感病毒、乳头瘤病毒[68]。咖啡酸能在丙肝病毒感染的初始阶段抑制丙肝病毒的传播，并具有非常明显的抗人类免疫缺陷病毒作用。绿原酸是大家熟悉的有效的抗病毒化合物，对流感病毒、乙肝病毒等多种病毒有很好的抑制作用[69]。

病毒性肝炎是由几种不同的嗜肝病毒引起的，以肝脏炎症和坏死病变为主要临床表现的一组感染性疾病。病毒性肝炎具有传染性强、传播途径复杂、流行范围广和发病率高等特点。目前已经分离出甲、乙、丙、丁、戊五种型别肝炎病毒，分别简称为甲肝、乙肝、丙肝、丁肝和戊肝。我国是病毒性肝炎的高流行区，其中乙型肝炎病毒（HBV）感染占80%以上，目前我国 HBV 携带者已超过1亿人。HBV 是一种带包膜的 DNA 病毒，感染率高，可通过母婴、血液和血液制品、破损的皮肤黏膜及性接触传播。HBV 感染的血清标志物包括 HBV-DNA、乙肝病毒表面抗原（HBsAg）、乙肝病毒 e 抗原（HBeAg）。HBsAg 阳性是 HBV 感染的主要标志，HBV-DNA 水平监测是抗 HBV 治疗效果评价的主要标准。

乙肝病毒感染后，常会感到身体乏力，容易疲劳，厌食，厌油，上腹部不适，腹痛腹胀，失眠，多梦等，还可能出现黄疸，肝区不适、隐痛，蜘蛛痣等症状。男性还可能出现勃起功能障碍，乳腺增生；女性可能出现月经失调、闭经、性欲减退等。

乙肝病毒感染主要引发肝脏炎性病变，若未及时进行有效干预，会累及机体多项器官遭受损伤，最终引发肝硬化、肝癌等严重疾病，对患者生命安全以及身体健康均造成极大威胁。乙型肝炎病毒感染是肝癌的常见发病原因，约占发展中国家肝癌的60%。我国原发性肝癌的发生也与病毒性肝炎密切相关，约90%的原发性肝癌患者有病毒性肝炎感染史，其中乙肝和丙肝最常见。乙肝和丙肝感染，可直接破坏肝细胞，导致肝细胞反复受损、凋亡和再生，乙肝和丙肝DNA整合到正常肝脏细胞DNA中，从而诱导正常的肝细胞发生基因突变，最终导致肝纤维化、肝硬化、肝癌的发生。病毒不仅与肝癌的发生相关，肝癌复发与病毒复制活跃也有密切关系。即使是小肝癌（直径<3厘米），术后复发率也可以高达60%以上。因此，抗病毒治疗对病毒性肝病不同阶段都具有重要价值。

肝炎病毒进入人体后可入侵人的肝细胞，一方面通过病毒复制造成损伤，另一方面通过免疫反应造成损伤。病毒感染的结局取决于机体和病毒的免疫反应，机体的免疫力大于病毒的毒性，则表现为隐性感染，机体的免疫力小于病毒的毒性，则表现为肝细胞损伤性感染。急性感染一部分会痊愈，另一部分则转变为慢性感染。体内特异性CD_8^+ T细胞对肝炎病毒的攻击起最主要的免疫反应，然而HBV的持续复制，会严重损害CD_8^+ T细胞的功能。同时，大量非特异性淋巴细胞在肝细胞浸润，会导致肝脏炎症，促进肝脏纤维化。

乙肝的传播主要经血传播、母婴传播、性传播，所以对乙肝的预防主要为婴儿的防治，血源污染的防止，性传播的控制。慢性乙肝的治疗主要为抗病毒治疗和免疫调节治疗，治疗药物主要有干扰素和核苷（酸）类药物。干扰素主要有IFN α，聚乙二醇干扰素；核苷（酸）类药物主要有拉米夫定、替比夫定、阿德福韦酯、恩替卡韦等。药物可以控制病毒，但很难做到对病毒完全清除，所以慢性乙肝患者需要长期甚至终身服药。

值得注意的是大部分慢性乙肝、丙肝患者会存在肝细胞脂肪变问题，肝脂肪变会直接影响到慢性乙肝抗病毒治疗的效果。肝炎病毒除感染肝脏外，还可以侵犯淋巴系统、肾脏、骨髓、甲状腺等多个组织和器官。因此，肝炎病毒引起的肝外疾病也应引起重视，如乙肝相关性肾炎等；丙型合并糖尿病、肾病、自身免疫性疾病等；戊肝引起的急性胰腺炎、血小板减少症等。进行抗病毒治疗时，既要考虑药物的有效性，又要避免对其他伴随疾病的影响。

茶海棠中所含的齐墩果酸、熊果酸已被临床上应用于治疗黄疸型肝炎、慢性迁延性肝炎等肝病。齐墩果酸、熊果酸有浓度依赖性，可显著抑制乙肝病毒 DNA 复制，乙肝病毒表面抗原（HBsAg）表达，并对乙肝病毒 e 抗原（HBeAg）表达也有抑制作用。提示其作用可能与核苷类似物不同，它的作用可能是在乙肝病毒转录过程中。同时，齐墩果酸、熊果酸具有保肝、抗肿瘤等多种活性，对肝炎病毒感染及相关病证控制具有积极作用[69]。

药物治疗是目前病毒性肝炎最根本的治疗手段，但现有药物存在不同程度的不良反应，停药有反跳现象。因此，服用药物的同时应加强饮食调节，宜食用含优质蛋白质高的食物，注意高纤维、高维生素食物和硒的补充及低脂肪、适当的糖饮食。还可适当补充具有抗病毒作用的食药两用品，以减少药物用量，克服不良反应。

茶海棠中所含齐墩果酸、熊果酸、咖啡酸、绿原酸等多种成分对多种病毒有效，鄂西富硒带所产茶海棠富含硒，有助于抗病毒。艾滋病严重危害人类的健康，同时也造成巨大的经济损失。研究发现，齐墩果酸、熊果酸、咖啡酸及其衍生物能呈剂量依赖性抑制艾滋病病毒蛋白酶活性，从而抑制艾滋病病毒复制。齐墩果酸、熊果酸等还能促进吞噬细胞释 γ-干扰素、NO 和 TNF-α 提高宿主防卫功能，从而抑制病毒复制，产生抗病毒的免疫能力[70,71]。此外，齐墩果酸、熊果酸与齐多夫定（叠氮胸苷）联用，可减轻齐夫多定的基因毒损伤，有益于艾滋病治疗。

此外，湖北海棠还能抗植物病毒。植物病毒病是发生于农作物和经济作物上的毁灭性病害，发生频率高，种类多、分布广，给农业生产造成了惨重损失。植物病毒病害已经成为仅次于植物真菌病害的第二大类植物病害。为了有效控制植物病毒的危害，农业科研人员除了采取传统的抗病毒育种、弱毒株系交叉保护、改进栽培技术、杀虫剂控制传毒介体和转基因等方法外，许多抗病毒化学药剂也被广泛使用，但随着环境与安全问题的日益严重，化学农药的使用受到越来越多的限制，因而天然抗病毒物质成为新宠。人们陆续从天然产物中找到了许多抗植物病毒物质，它为仿生合成新型抗植物病毒药提供了基础。研究表明湖北海棠提取液具有抗大蒜病毒等植物病毒活性。大蒜病毒危害严重，可致使蒜头变小，蒜头及蒜薹品质下降，产量降低。湖北海棠中含有多种具有抗植物病毒的活性成分，实验显示其提取液对大蒜病毒具有高效杀灭作用，用其提取液浸泡蒜种，可提高大蒜出苗率，增加大蒜产量[72]。

第六节

湖北海棠其他活性

一、保鲜作用

天然食品保鲜剂具有无毒、安全、可代谢降解等诸多特点，越来越多地被应用于食品保鲜领域。湖北海棠具有良好的抑菌作用，对大肠杆菌、金黄色葡萄球菌、酵母菌、黑曲霉、枯草芽孢杆菌均有一定的抑制作用。同时，湖北海棠中含有多种具有较强的抗氧化作用、能有效清除自由基[73,74] 的成分，因此可有效保护食品的各种营养成分，抑制食品贮藏期间发生的腐败氧化，延长贮藏期，是常用良好的食品保鲜剂。常用于腌制、香肠、卤制等食品的保鲜。

“三天不吃酸和辣，心里就像猫儿抓”，土家族饮食口味以酸辣为主。其中酸泡菜、鲊辣椒，是土家族酸辣食品的代表。然而酸泡菜的质量不稳定、不易控制，规模生产常会脆性下降、风味变差，为保持泡菜鲜酸可口、质地脆嫩、独特风味，土家人常常在腌制时加入新煮沸并放凉的海棠茶。鲊辣椒，也称鲊广椒，以本地鲜红辣椒和苞谷面（玉米面）为主要原料加工而成。为保证品质，也常在制作中加入海棠茶。

腊肉是土家族的特色食品，色泽焦黄、肉质坚实、熏香浓郁、风味独特，可保存两至三年不变质。但腊肉如果加工工艺不佳，放置一段时间，就会有哈喇味。哈喇味是指脂肪在长期保藏过程中，由于微生物、酶和热的作用而发生氧化、酸败产生的又苦又麻、刺鼻难闻的异味。脂肪可通过多种氧化方式氧化，如自动氧化、光敏氧化、酶促氧化等，对腊肉的品质有重要影响。其中自动氧化最具代表性，影响自动氧化的因素有多种，主要为脂肪酸的组成、温度、接触面积、光和射线等。加入抗氧化剂，能起到避免或减少氧化反应的进行，延长腊肉保存期，改善品质的作用。因此，土家族腊肉制作工艺十分考究。海棠茶中含有丰富的黄酮化合物，能有效清除自由基。腊肉腌制过程中添加海棠茶水，并配以一定比例的花椒、大茴、八角、桂皮、丁香等辛香料，能有效抑制脂肪氧化速率，更好地保证腊肉品质，防止出现臭味、腥味，防止氧化变质。

二、天然色素

色、味、形是构成食品感观的三大要素，色泽直接影响消费者的购买欲望。通常，颜色靓丽的食品能增强人的愉悦感，促进食欲，更受消费者欢迎。所以人类利用色素改善食品感官品质。我国有利用植物天然色素给食品着色的传统，现代食品工业中更是普遍使用食用色素来改善食品色泽。然而，食品中非法添加、超量、超范围使用色素的现象时有发生，甚至引起了食品安全事故。因此，天然食用色素备受欢迎。海棠茶含有多种黄酮，并在发酵过程中产生茶黄素，可直接作为黄色素应用，可进一步开发为天然食用黄色素[75]。

参考文献

[1] 陈小丽，姜卫兵，魏家星，等．南京城市公园中观赏海棠园林价值的综合评价［J］．广东农业科学，2016，43（09）：62-71.

[2] 冯雨平，张国庆．红叶海棠在伊宁市园林绿化中的应用［J］．新疆农业科技，2011，（05）：46-47.

[3] 陈恒新，刘连芬，钱关泽，等．海棠（*Malus* spp.）品种分类研究进展［J］．聊城大学学报（自然科学版），2007，20（02）：57-61.

[4] 陈雅林，谭哲谞，彭勇，等．湖北海棠叶的应用历史与研究现状［J］．中国现代中药，2017，19（10）：1505-1510.

[5] 夏秋瑜，李瑞，陈卫军，等．海棠果油的提取及其理化性质和脂肪酸组成分析［J］．中国粮油学报，2010，25（11）：78-82.

[6] 阳辛凤，方佳，陶忠良，等．海棠果的开发应用价值分析［J］．中国野生植物资源，2001，20（06）：33-35.

[7] 南京中医药大学．中药大辞典［M］．上海：科学技术出版社，2006.

[8] 屈克义，胡汉环，杜远义，等．湖北海棠叶煎液药效学实验研究［J］．时珍国医国药，2000，11（02）：15-16.

[9] 公丕军，杨明仁，贺可娜，等．湖北海棠叶治疗2型糖尿病疗效观察［J］．实用糖尿病杂志，2011，7（04）：34-35.

[10] 秦葵，秦百宣，刘钰钰，等．海棠根对血清胆固醇及血液黏度影响的实验研究［J］．北京军区医药，1997，9（01）：71-72.

[11] 中国科学院中国植物志编辑委员会．中国植物志［M］．北京：科学出版社，2013.

[12] 朱靖静，刘呈雄，张红艳，等．湖北海棠质量标准研究［J］．中药材，2010，33（05）：707-710.

[13] 国家中医药管理局中华本草编辑委员会．中华本草［M］．上海：科学技术出版社，1999.

[14] 高松．辽宁中药志植物类［M］．辽宁：科学技术出版社，2010.

[15] 周繇．中国长白山植物资源志［M］．北京：中国林业出版社，2010.

[16] 江苏省植物研究所．新华本草纲要［M］．上海：科学技术出版社，1991.

[17] 全国中草药汇编编写组．全国中草药汇编［M］．北京：人民卫生出版社，1975.

[18] 国家药典委员会．中华人民共和国药典［M］．北京：中国医药科技出版社，2015.

[19] 汪瑾雨，余海立，刘兰庆，等．根皮苷生物转化制备根皮素工艺优化研究［J］．中国酿造，2018，37（02）：148-152.

[20] 刘森．根皮苷降解通路中β-葡萄糖苷酶基因的克隆与表达［D］．泰安：山东农业大学，2017.

[21] 汪鋆植，余海立，田华咏，等．对“药王昏死茶露醒”中茶的探究［J］．巴楚医学，2018，01（01）：83-86.

[22] 汪鋆植，杨远兵．湖北海棠饮料的质量研究［J］．食品研究与开发，2002，23（02）：59-61.

[23] 方荣，杨茜，李莉，等．湖北海棠中根皮苷含量测定［J］．食品科技，2008，54（6）：195-196.

[24] 郭东艳，王幸，谭鸿恩，等．不同海拔不同生长时期湖北海棠的质量分析［J］．中药材，2013，36

(08): 1238-1240.

[25] 郭东艳，李瑾，师延琼，等. 三种海棠黄酮类成分分析 [J]. 中药材，2011，45 (7): 1026-1029.

[26] Liu Q, Zeng H, Jiang S, et al. Separation of polyphenols from leaves of Malus hupehensis (Pump.) Rehder by off-line two-dimensional high speed counter-current chromatography combined with recycling elution mode [J]. Food chemistry, 2015, 186: 139-145.

[27] S Q, Zhu X F, Wang X N, et al. Flavonaids Malus hupehensis and their cardioprotective effects against doxorubicin-induced toxicity in H9c2 cells [J]. Phytochemistry, 2013, 87: 119-125.

[28] 谭哲谞. 湖北海棠化学成分的研究 [D]. 北京：北京协和医学院，2014.

[29] 冯改利，郭东艳，李瑾，等. 湖北海棠 HPLC 指纹图谱的研究 [J]. 中国实验方剂学杂志，2011，17 (16): 67-69.

[30] 冯天艳，方荣，邓改改，等. 根皮苷对小鼠 CCl_4 急性肝损伤的保护作用 [J]. 中药药理与临床，2010，26 (05): 47-50.

[31] 杜幼芹，冯天艳，邓改改，等. 湖北海棠叶总黄酮对日本血吸虫感染小鼠肝纤维化的抑制作用 [J]. 中国血吸虫病防治杂志，2011，23 (05): 551-554+599.

[32] DuYQ, FengTY, DengGG, et al. Inhibitory effect of total flavonoids of Malus hupehensis on hepatic fibrosis induced by Schistosoma japonicum in mice [J]. Chinese Journal of Schistosomiasis Control, 2011, 23 (5): 551-554.

[33] 林棋. 中医肝理论与现代医学理论的联系 [J]. 中华中医药学刊，2015，33 (12): 2997-3005.

[34] 张宏岐，汪鋈植，邹坤，等. 湖北海棠提取物的体外抗氧化活性研究 [J]. 食品科技，2008，33 (11): 183-186.

[35] 陈洪锁，孟宪梅. 酒精性肝病分子机制的研究进展 [J]. 包头医学院学报，2018，34 (08): 127-129.

[36] 高潇雪，刘立新. 酒精性肝病流行病学及发病机制研究进展 [J]. 中华消化病与影像杂志，2016，6 (02): 62-65.

[37] 杨国川. 酒精性肝病免疫机制及中药防治研究进展 [J]. 西南医科大学学报，2017，40 (03): 319-321.

[38] 张欣，费永俊，魏伟，等. 湖北海棠叶中黄酮类化合物抗氧化作用的研究 [J]. 农产品加工（学刊），2008，(04): 38-39+54.

[39] 刘基. 湖北海棠总黄酮体外抗氧化活性评价及脂质体乳液研究 [D]. 咸阳：陕西中医药大学，2019.

[40] 冯天艳，汪鋈植，周继刚，等. 湖北海棠叶总黄酮抗 CCl_4 所致大鼠肝纤维化作用研究 [J]. 中药药理与临床，2012，28 (02): 72-76.

[41] Najafian M, Jahromi M Z, Nowroznejhad M J, et al. Phloridzin reduces blood glucose levels and improves lipids metabolism in streptozotocin-induced diabetic rats [J]. Molecular Biology Reports, 2012, 39 (5): 5299-5306.

[42] Wang Z G, Gao Z Y, Wang A Q, et al. Comparative oral and intravenous pharmacokinetics of phlorizin

in rats having type 2 diabetes and in normal rats based on phase II metabolism [J]. Food Funct, 2019, 10 (3): 1582-1594.

[43] Minami H, Kim J R, Tada K, et al. Inhibition of glucose absorption by phlorizin affects intestinal functions in rats [J]. Gastroenterology, 1993, 105 (3): 692-697.

[44] Rigamonti D, Spetzler R F. The effect of phloridzin, phloretin and theophylline on the transport of sugars by the choroid plexus [proceedings] [J]. J Physiol, 1979, 287 (1-4): 100-105.

[45] Andreas üllen, Günter Fauler, Bernhart E, et al. Phloretin ameliorates 2-chlorohexadecanal-mediated brain microvascular endothelial cell dysfunction in vitro [J]. Free radical bio med, 2012, 53 (9): 1770-1781.

[46] 石珂，赵璐，游志鹏，等．根皮素对糖尿病小鼠光感受器视杆细胞的保护作用 [J]．眼科新进展，2014，34 (09)：809-812.

[47] Liu J, Guo D Y, Fan Y, et al. Experimental study on the antioxidant activity of Malus hupehensis (Pamp.) Rehd extracts in vitro and in vivo [J]. Journal of Cellular Biochemistry, 2019, 120 (7): 11878-11889.

[48] 邵慈慧．植物雌激素及其应用价值研究进展 [J]．九江学院学报，2004，(04)：85～87.

[49] 王浩，庄威，薛晓鸥，等．中药植物雌激素活性研究及其临床应用研究进展 [J]．吉林中医药，2018，38 (03)：364-368.

[50] 朱迪娜，王磊，王思彤，等．植物雌激素的研究进展 [J]．中草药，2012，43 (07)：1422-1429.

[51] 张建东，张天东，陶若齐，等．大豆异黄酮干预去势大鼠骨密度及成骨细胞雌激素受体 α 的表达 [J]．中国组织工程研究，2012，16 (42)：7804-7808.

[52] 薛冰洁，曹丹，周继刚，等．湖北海棠总黄酮对成骨细胞增殖分化及破骨细胞活性的影响 [J]．中国中医骨伤科杂志，2011，19 (05)：12-14.

[53] Olson M L, Kargacin M E, Ward C A, et al. Effects of phloretin and phloridzin on Ca^{2+} handling, the action potential, and ion currents in rat ventricular myocytes [J]. J Pharmacol Exp Ther, 2007, 321 (3): 921-929.

[54] Ridgway T, O'Reilly J, West G, et al. Antioxidant action of novel derivatives of the apple-derived flavonoid phloridzin compared to oestrogen: relevance to potential cardioprotective action [J]. Biochem Soc T, 1997, 25 (1): 1-10.

[55] Nair S V G, Ziaullah, Vasantha R H P, et al. Fatty acid esters of phloridzin induce apoptosis of human liver cancer cells through altered gene expression [J]. PLoS ONE, 2014, 9 (9): 1-13.

[56] Nelson J A, Falk R E. Phloridzin and phloretin inhibition of 2-deoxy-D-glucose uptake by tumor cells in vitro and in vivo [J]. Anticancer Res, 1993, 13 (6A): 2293-2299.

[57] 杨昌英，汪鋆植，代忠旭，等．以中性红为电化学探针考察根皮苷、根皮素与 DNA 的作用 [J]．天然产物研究与开发，2009，21 (02)：221-224+258.

[58] 梁红宝，姚景春，关永霞，等．湖北海棠叶中根皮素的提取纯化及其抗肿瘤活性 [J]．中成药，2018，40 (07)：1619-1621.

[59] 曹丹，薛冰洁，黄文峰，等．湖北海棠总黄酮对去势大鼠骨质疏松的影响［J］．中药药理与临床，2011，27（05）：56-59.

[60] 武玲，汪鋆植，罗华军，等．3-羟基根皮苷的雌激素样作用及其作用机制研究［J］．三峡大学学报（自然科学版），2016，38（03）：108-112.

[61] Wang J Z, Chung M H , Xue B J, et al. Estrogenic and antiestrogenic activities of phloridzin [J] . Biological & Pharmaceutical Bulletin, 2010, 33 (4): 592-597.

[62] Jung E, Lee J, Huh S, et al. Phloridzin-induced melanogenesis is mediated by the cAMP signaling pathway [J] . Food Chem Toxicol, 2009, 47 (10): 2436-2440.

[63] Barreca D, Bellocco E, Giuseppina Laganà, et al. Biochemical and antimicrobial activity of phloretin and its glycosilated derivatives present in apple and kumquat [J] . Food Chemistry, 2014, 160 (160): 292-297.

[64] Baldisserotto A, Malisardi G, Scalambra E, et al. Article synthesis, antioxidant and antimicrobial activity of a new phloridzin derivative for dermo-cosmetic applications [J] . Molecules, 2012, 17 (11): 13275-13289.

[65] 崔树梅，曹孟岑，杨雪晨，等．根皮素在化妆品中的应用［J］．日用化学工业，2018，48（02）：113-118.

[66] 管仁伟，曲永胜，顾正位，等．木犀草苷的药理作用研究［J］．中国野生植物资源，2014，33（01）：1-3.

[67] 苏锐，崔丽霞．黄酮类化合物抑菌抗病毒活性的研究［J］．农业技术与装备，2011，（04）：30-33+35.

[68] 张明发，沈雅琴．齐墩果酸和熊果酸的抗微生物和原虫药理研究进展［J］．抗感染药学，2010，（03）：153-156.

[69] 刘军，黄正明，王选举，等．绿原酸对抗乙肝病毒-HBsAg和HBeAg的抑制作用［J］．解放军药学学报，2010，26（01）：33-36.

[70] Zhao Y, Liu C P, Lai X P, et al. Immunomodulatory activities of phlorizin metabolites in lipopolysaccharide-stimulated RAW264. 7 cells [J] . Biomed Pharmacother, 2017, 91: 49-53.

[71] Oliveira M R D. Phloretin-induced cytoprotective effects on mammalian cells: A mechanistic view and future directions [J] . Biofactors, 2016, 42 (1): 13-40.

[72] 汪鋆植，叶建武，余青，等．湖北海棠抗大蒜病毒活性研究［J］．安徽农业科学，2008，3（08）：3314-3315.

[73] Liu J, Guo D, Fan Y, et al. Experimental study on the antioxidant activity of, Malus hupehensis, (Pamp.) Rehd extracts in vitro and in vivo [J] . J Cell Biochem, 2019, 7 (120): 11878-11889.

[74] Hu Q, Chen Y Y, Jiao Q Y, et al. Polyphenolic compounds from Malus hupehensis and their free radical scavenging effects [J] . Nat Prod Res, 2017, 32 (18): 2152-2158.

[75] 李觅路．茶黄素形成机理及其开发应用研究进展［J］．茶叶通讯，2003，02：38-41.

图 1　西府海棠

图 2　垂丝海棠

图 3 贴梗海棠

图 4 木瓜海棠

图 5 湖北海棠

图 6 海棠花

图 7 变叶海棠

图 8 锡金海棠

图 9 宝石海棠

图 10 草莓果冻海棠

图 11 道格海棠

图 12 粉芽海棠

图 13 凯尔斯海棠

图 14 绚丽海棠

图 15 王族海棠

图 16 红丽海棠

图 17 雪球海棠

图 18 红玉海棠

图 19 钻石海棠

图 20 亚当海棠

图 21 高原之火海棠

图 22 印第安魔力海棠

图 23 红巴伦海棠

图 24 春雪海棠

图 25 霍巴海棠

图 26 红哨兵海棠

图 27 撒氏海棠

图 28 丽丝海棠

图 29 白兰地海棠

图 30 金丰收海棠

图 31 美果朱眉海棠

图 32 多花海棠

图 33 灰姑娘海棠

图 34 科里海棠

图 35 薄荷糖海棠

图 36 紫雨滴海棠

图 37 日本海棠

图 38 东洋锦海棠

图 39 醉贵妃海棠